高等职业教育课程改革系列教材

电工电子技术实训教程

第 2 版

主　编　赵亚丽　高　超

副主编　赵　柯　路泽永

参　编　张书琦　王丽艳　李　娜

主　审　邹振春　李长久

机械工业出版社

本书从高等职业院校教学改革与教材建设的需要出发编写了三部分的内容：第一部分是电工技术实训，包括安全用电基础知识、常用电工工具、常用导线的连接以及电能计量电路与室内照明电路的配线；第二部分是电气控制实训，内容包括常用低压电器、三相异步电动机正反转控制、三相异步电动机的顺序控制与行程控制和CA6140型卧式车床的电气控制；第三部分是电子技术实训，内容包括手工焊接技术及常用工具、仪器仪表的使用、常用电子元器件的识别与测量、X921型超外差式调幅收音机电路的安装、X921型超外差式调幅收音机原理及调试。

本书可作为高等职业院校、成教学院、应用型本科院校的工科专业电工电子实训教材，也可作为中级电工考试的辅助教材，同时也可供中等职业院校、技工院校相关专业学生和广大电工使用。

为方便教学，本书配有免费电子课件、思考与练习题详解、模拟试卷及答案等，凡选用本书作为授课教材的老师，可登录机械工业出版社教育服务网（http：//www.cmpedu.com）免费下载本书的配套资源。咨询电话：010-88379564。

图书在版编目（CIP）数据

电工电子技术实训教程/赵亚丽，高超主编. —2版. —北京：机械工业出版社，2023.12

高等职业教育课程改革系列教材

ISBN 978-7-111-74996-7

Ⅰ.①电… Ⅱ.①赵…②高… Ⅲ.①电工技术 – 高等职业教育 – 教材 ②电子技术 – 高等职业教育 – 教材 Ⅳ.①TM②TN

中国国家版本馆CIP数据核字（2024）第054920号

机械工业出版社（北京市百万庄大街22号　邮政编码100037）
策划编辑：冯睿娟　　　　　　责任编辑：冯睿娟
责任校对：马荣华　张亚楠　　封面设计：马若濛
责任印制：张　博
北京建宏印刷有限公司印刷
2025年2月第2版第1次印刷
184mm×260mm·10.5印张·259千字
标准书号：ISBN 978-7-111-74996-7
定价：38.00元

电话服务　　　　　　　　　　网络服务
客服电话：010-88361066　　　机　工　官　网：www.cmpbook.com
　　　　　010-88379833　　　机　工　官　博：weibo.com/cmp1952
　　　　　010-68326294　　　金　书　网：www.golden-book.com
封底无防伪标均为盗版　　　　机工教育服务网：www.cmpedu.com

前言

随着我国经济的飞速发展与现代技术的不断更新，大量新技术、新工艺、新材料和新方法不断涌现，使社会对新型技能人才的需求更加迫切。职业教育已成为现代教育体系中的重要组成部分，在实施科教兴国和人才强国战略中具有特殊的重要地位。实训课是高等职业院校实践性教学的重要环节。目前的实训课程大部分还使用旧的教学模式及实训教材，已无法适应社会对实训课的要求。所以在新形势下，改革现行的培养体系、课程模式；改写教学内容、教材教案，已成为高等职业院校实践教育改革的当务之急。

电工电子实训教学是高等职业院校实践教学的重要环节之一，意在培养学生良好的心理素质，较强的实际操作能力、应用能力等综合技能以及团队协作的意识，以便学生在毕业后能更快地进入工作角色，适应工作岗位。电工电子实训作为高等职业院校的一大特色也必须围绕着学生电工电子技术综合应用能力的培养来建立新的教学体系。为了配合高等职业院校教学改革和教材建设，更好地为深化实训教学改革服务，我们集合了多位职业院校有一线实践教学经验的教师，针对适合高等职业院校教育体系的具体实训课程进行总结整理，编写了这部符合实训课程特点的电工电子实训教程。

本书编写时力求由浅入深、通俗易懂、理论联系实际、注重应用。符合高等职业院校学生的学习特点和认知规律，打破了理论和实践教学的界限。在理论内容上以"够用多一点"为标准，强调基础技能的训练和职业能力的培养。每一个实训环节都详细介绍了具体的实施过程与评价标准，学生可以根据相对应的理论知识学习基本的工作方法，练习工具与设备的使用，逐步掌握各种相关的操作规范与制度，学会怎样与其他同学共同合作来完成整个实训任务的组织与实施。

全书共分12章，划为三个部分。第一部分是电工技术实训，包括：第1章安全用电基础知识；第2章常用电工工具；第3章常用导线的连接；第4章电能计量电路与室内照明电路的配线。第二部分是电气控制实训，包括：第5章常用低压电器；第6章三相异步电动机正反转控制；第7章三相异步电动机的顺序控制与行程控制；第8章CA6140型卧式车床的电气控制。第三部分是电子技术实训，包括：第9章手工焊接技术及常用工具、仪器仪表的使用；第10章常用电子元器件的识别与测量；第11章X921型超外差式调幅收音机电路的安装；第12章X921型超外差式调幅收音机原理及调试。本书设有知识拓展环节，以开阔学生的视野。另外还附有思考与练习，以便学生自我检验，同时设有"问题探讨",落实立德树人根本任务,增强知识、技能和价值观的融合。

  本书由赵亚丽、高超任主编,赵柯、路泽永任副主编,张书琦、王丽艳、李娜参与编写。具体编写分工如下:赵亚丽编写第 6~8 章,高超编写第 1 章,赵柯编写第 11 章和第 12 章,路泽永编写第 2 章,张书琦编写第 9 章和第 10 章,王丽艳编写第 4 章和第 5 章,李娜编写第 3 章。

  本书由邹振春教授与李长久教授主审,他们对本书的内容提出了许多宝贵的建议,在此表示衷心的感谢!

  由于编者水平有限,书中难免有不足和错误之处,恳请读者批评指正。

编 者

二维码索引

名称	二维码	页码	名称	二维码	页码
01 试电笔的使用方法		19	09 T形连接绝缘层恢复		41
02 剥线钳的使用方法		24	10 室内照明计量电路的检测		53
03 单股导线的直线连接		35	11 按钮的检测		71
04 单股导线的直线连接（缠绕法）		36	12 交流接触器的检测		72
05 不同截面积导线的连接		36	13 热继电器的检测		74
06 单股导线的T型连接（绞接法）		36	14 用万用表检测连续控制电路		86
07 圆环的弯折		39	15 三相异步电动机正反转控制原理		87
08 直线连接绝缘层恢复		40	16 用万用表检测正反转控制电路		89

（续）

名称	二维码	页码	名称	二维码	页码
17 焊接示范		116	25 输出变压器的测量		132
18 万用表的使用方法		119	26 中周变压器的测量		132
19 直流稳压电源调试方法		124	27 二极管的测量		134
20 电位器的测量		128	28 晶体管的测量		134
21 电阻色环读法举例		128	29 电阻的立式安装		141
22 电阻的测量		128	30 电阻的卧式安装		142
23 电容的测量		130	31 静态调试		152
24 输入变压器的测量		132			

目录

前言

二维码索引

第一部分　电工技术实训

第1章　安全用电基础知识 2
- 1.1　安全用电常识 2
  - 1.1.1　触电的概念及类型 2
  - 1.1.2　与触电对人体伤害程度有关的因素 3
  - 1.1.3　触电方式 4
  - 1.1.4　触电事故的一般规律 5
  - 1.1.5　常见触电原因及预防措施 7
- 1.2　触电急救 9
  - 1.2.1　触电的现场急救原则 9
  - 1.2.2　脱离电源的方法 10
  - 1.2.3　触电者脱离电源后的伤情判断 11
  - 1.2.4　针对不同情况的救治 12
  - 1.2.5　现场急救方法 12
- 1.3　触电急救训练 14
  - 1.3.1　实施过程 14
  - 1.3.2　考核与评价 15
- 1.4　【知识拓展】电力系统基础知识 15
  - 1.4.1　电力系统的组成 15
  - 1.4.2　常用的低压配电系统 17
- 1.5　思考与练习 18

第2章　常用电工工具 19
- 2.1　常用电工工具的使用 19
  - 2.1.1　试电笔 19
  - 2.1.2　电工刀 22
  - 2.1.3　螺钉旋具 22
  - 2.1.4　钢丝钳 23
  - 2.1.5　尖嘴钳 24
  - 2.1.6　斜口钳 24
  - 2.1.7　剥线钳 24
  - 2.1.8　活扳手 24
- 2.2　其他特殊用途的电工工具和常用配线元件 25
  - 2.2.1　冲击电钻 25
  - 2.2.2　压线钳 25
  - 2.2.3　打号机 26
  - 2.2.4　配线常用件 26
- 2.3　【知识拓展】钳形电流表 29
  - 2.3.1　钳形电流表概述 29
  - 2.3.2　钳形电流表的工作原理 29
- 2.4　思考与练习 30

第3章　常用导线的连接 31
- 3.1　常用导线的基础知识 31
  - 3.1.1　常用导线的分类 31
  - 3.1.2　常用导线的颜色 32
  - 3.1.3　常用导线的安全载流量 32
  - 3.1.4　常用导线的选择原则 32
- 3.2　常用导线的连接方法 33
  - 3.2.1　导线绝缘层的剖削 33
  - 3.2.2　导线的连接方法 35
  - 3.2.3　导线绝缘层的恢复 40
- 3.3　常用导线连接训练 42
  - 3.3.1　实施过程 42
  - 3.3.2　考核与评价 42
- 3.4　思考与练习 43

第4章　电能计量电路与室内照明电路的配线 44
- 4.1　单相电能表的工作原理 44
  - 4.1.1　电能表的类型 44
  - 4.1.2　电能表的铭牌标志 45
  - 4.1.3　电能表的选择 46
  - 4.1.4　电能表的安装要求 46
  - 4.1.5　单相有功电能表的工作原理 46
  - 4.1.6　单相有功电能表的接线 47
- 4.2　室内照明电路的配线 48
  - 4.2.1　室内布线的基本知识 49

4.2.2 荧光灯的结构与原理 ………… 50
4.2.3 开关和插座的安装 …………… 52
4.2.4 室内照明电路的检修方法 …… 52
4.2.5 含电能计量电路的室内照明
电路配线 …………………………… 53
4.3 三相四线制电能表及计量电路 …… 53
4.3.1 三相四线制有功电能表的
工作原理 …………………………… 53
4.3.2 三相四线制有功电能表的接线 …… 54
4.3.3 三相四线制电能表的读法 …… 54
4.4 荧光灯电路常见故障及检修方法 …… 55
4.4.1 接通电源，灯管完全不发光 …… 55
4.4.2 灯管两头发红但不能启辉 …… 55
4.4.3 启辉困难，灯管两端不断
闪烁，中间不启辉 ………………… 56
4.4.4 灯管发光后立即熄灭 ………… 56

4.4.5 灯管两头发黑或有黑斑 ……… 56
4.4.6 灯管亮度变低或色彩变差 …… 56
4.4.7 启辉后灯光在管内旋转 ……… 57
4.4.8 灯光闪烁 ……………………… 57
4.4.9 通电后有交流嗡声和杂声 …… 57
4.4.10 镇流器过热 …………………… 57
4.4.11 灯管寿命短 …………………… 57
4.4.12 断开电源，灯管仍发微光 …… 58
4.5 含计量电路的室内照明电路配线
训练 …………………………………… 58
4.5.1 实施过程 ……………………… 58
4.5.2 考核与评价 …………………… 58
4.6 【知识拓展】智能电能表 …………… 59
4.6.1 机电式智能电能表 …………… 59
4.6.2 全电子式智能电能表 ………… 61
4.7 思考与练习 …………………………… 61

第二部分 电气控制实训

第5章 常用低压电器 ………………… 64
5.1 配电电器 ……………………………… 64
5.1.1 刀开关 ………………………… 64
5.1.2 熔断器 ………………………… 65
5.1.3 低压断路器 …………………… 68
5.1.4 组合开关 ……………………… 69
5.1.5 倒顺开关 ……………………… 70
5.2 控制电器 ……………………………… 71
5.2.1 控制按钮 ……………………… 71
5.2.2 接触器 ………………………… 72
5.2.3 热继电器 ……………………… 74
5.2.4 行程开关 ……………………… 76
5.2.5 时间继电器 …………………… 77
5.2.6 电磁式继电器 ………………… 79
5.2.7 速度继电器 …………………… 80
5.3 常用低压电器检测训练 …………… 81
5.3.1 操作要领及步骤 ……………… 81
5.3.2 考核与评价 …………………… 81
5.4 【知识拓展】电气图的基本知识
及绘制规则 …………………………… 82
5.4.1 电气原理图 …………………… 82
5.4.2 电气元件布置图 ……………… 83
5.4.3 电气接线图 …………………… 83

5.4.4 电气控制电路分析基础 ……… 83
5.5 思考与练习 …………………………… 84

第6章 三相异步电动机正反转控制 …… 85
6.1 三相异步电动机正反转控制电路
原理 …………………………………… 85
6.1.1 三相异步电动机转动原理 …… 85
6.1.2 三相异步电动机的点动与连续
控制 …………………………………… 86
6.1.3 三相异步电动机正反转控制
电路分析 …………………………… 86
6.2 三相异步电动机正反转控制电路
的安装与调试 ………………………… 88
6.2.1 电气元件的检查与安装 ……… 88
6.2.2 三相异步电动机正反转控制
电路的常规检查 …………………… 89
6.2.3 三相异步电动机正反转控制
电路的通电测试 …………………… 90
6.2.4 考核与评价 …………………… 90
6.3 【知识拓展】电气控制电路与常用
低压电器的故障排查 ………………… 91
6.3.1 电气控制电路故障排除的常见
方法 …………………………………… 91
6.3.2 常用低压电器的故障诊断及

排查 …………………………… 92
6.4 思考与练习 …………………… 93

第7章 三相异步电动机的顺序控制与行程控制 …………… 94

7.1 三相异步电动机的顺序控制 …… 94
   7.1.1 主电路实现顺序控制 …… 94
   7.1.2 控制电路实现顺序控制 … 94
   7.1.3 使用时间继电器的顺序控制电路分析 ………………… 96
7.2 三相异步电动机的行程控制 …… 97
   7.2.1 刀架自动循环电气控制电路的工艺要求 ……………… 97
   7.2.2 电路分析 ………………… 97
   7.2.3 电路安装与测试 ………… 99
7.3 三相异步电动机顺序控制与行程控制电路布线训练 ………… 100
   7.3.1 实施过程 ………………… 100
   7.3.2 考核与评价 ……………… 100
7.4 【知识拓展】三相异步电动机的起动与制动 ………………… 101
   7.4.1 三相异步电动机起动方法的选择和比较 ……………… 101
   7.4.2 三相异步电动机的制动方法及优缺点 ………………… 102
7.5 思考与练习 …………………… 104

第8章 CA6140型卧式车床的电气控制 …………………… 105

8.1 CA6140型卧式车床的工作原理 … 105
   8.1.1 CA6140型卧式车床的结构布局 ……………………… 105
   8.1.2 CA6140型卧式车床的控制电路分析 ………………… 106
   8.1.3 主电路分析 ……………… 108
   8.1.4 控制电路分析 …………… 108
8.2 CA6140型卧式车床电气控制电路的安装与维修 …………… 109
   8.2.1 CA6140型卧式车床电气控制电路的安装与布线 …… 109
   8.2.2 CA6140型卧式车床电气控制电路的常见故障分析与排除 …… 110
   8.2.3 考核与评价 ……………… 111
8.3 思考与练习 …………………… 112

第三部分 电子技术实训

第9章 手工焊接技术及常用工具、仪器仪表的使用 ………… 114

9.1 电烙铁及手工焊接技术 ……… 114
   9.1.1 电烙铁简介 ……………… 114
   9.1.2 焊接方式 ………………… 115
   9.1.3 手工焊接工艺 …………… 116
9.2 了解电子装配中常用工具及仪器仪表的使用方法 ………… 118
   9.2.1 万用表 …………………… 119
   9.2.2 毫伏表 …………………… 121
   9.2.3 示波器 …………………… 122
   9.2.4 信号发生器 ……………… 123
   9.2.5 直流稳压电源 …………… 124
9.3 【知识拓展】焊接质量的检查 … 125
   9.3.1 目视检查 ………………… 125
   9.3.2 手触检查 ………………… 125
   9.3.3 通电检查 ………………… 125
9.4 思考与练习 …………………… 126

第10章 常用电子元器件的识别与测量 …………………… 127

10.1 常用电子元器件简介 ………… 127
   10.1.1 电阻器 …………………… 127
   10.1.2 电容器 …………………… 129
   10.1.3 变压器与中周 …………… 131
   10.1.4 二极管 …………………… 132
   10.1.5 晶体管 …………………… 134
10.2 集成电路 ……………………… 135
   10.2.1 集成电路简介 …………… 135
   10.2.2 集成电路常见的封装形式 … 135
   10.2.3 集成电路的脚位判别 …… 136
   10.2.4 集成电路常用的检测方法 … 136
10.3 【知识拓展】场效应晶体管 …… 136
   10.3.1 场效应晶体管的概念、分类和特点 ……………………… 136

10.3.2 场效应晶体管的检测和质量
　　　　判断 ……………………………… 136
10.3.3 结型场效应晶体管好坏的
　　　　判断 ……………………………… 137
10.3.4 绝缘栅型场效应晶体管管脚
　　　　极性的判别 ……………………… 137
10.4 思考与练习 ……………………………… 138

第 11 章　X921 型超外差式调幅收音机电路的安装 ……………………………… 139

11.1 装配图的识读 …………………………… 139
　11.1.1 电路图的基本知识 ……………… 139
　11.1.2 读图注意事项 …………………… 141
11.2 电子元器件在电路板上的安装 ……… 141
　11.2.1 元器件的安装方式 ……………… 141
　11.2.2 元器件的排列格式 ……………… 142
　11.2.3 电容器与变压器 ………………… 142
　11.2.4 二极管和晶体管 ………………… 143
　11.2.5 元器件安装的注意事项 ………… 143
　11.2.6 安装 ……………………………… 143
11.3 【知识拓展】电子电路图的种类 …… 145
　11.3.1 示意图 …………………………… 145
　11.3.2 框图 ……………………………… 145
　11.3.3 等效电路图 ……………………… 146
　11.3.4 电路原理图 ……………………… 146
　11.3.5 印制电路板图 …………………… 146
11.4 思考与练习 ……………………………… 146

第 12 章　X921 型超外差式调幅收音机原理及调试 ……………………………… 147

12.1 X921 型超外差式调幅收音机原理 … 147
　12.1.1 声音的特点及传播 ……………… 147
　12.1.2 调制与解调 ……………………… 147
　12.1.3 电路原理图识读 ………………… 147
　12.1.4 X921 型超外差式调幅收音机
　　　　的电路原理 ……………………… 149
12.2 X921 型超外差式调幅收音机的
　　　调试 ……………………………………… 151
　12.2.1 静态调试 ………………………… 151
　12.2.2 动态调试 ………………………… 153
　12.2.3 X921 型超外差式调幅收音机
　　　　常见故障的检修 ………………… 154
　12.2.4 考核与评价 ……………………… 155
12.3 【知识拓展】电子元器件的拆焊 …… 156
　12.3.1 拆焊的概念 ……………………… 156
　12.3.2 拆焊技能的技术要求 …………… 156
　12.3.3 拆焊的方法 ……………………… 156
12.4 思考与练习 ……………………………… 157

参考文献 ……………………………………… 158

第一部分

电工技术实训

第 1 章

安全用电基础知识

随着科学技术的发展，电气设备和家用电器在各个方面的应用越来越广泛，给人们的生活带来了极大的方便，但随之产生的危险也大大增加。如果在用电时不注意安全，就可能造成人身触电伤亡事故或电气设备的损坏。在机械、化工等工矿企业中电气事故已成为引起人身伤亡、爆炸、火灾事故的重要原因。所以我们有必要了解和学习有关安全用电及急救技能的知识，树立正确的安全观念，避免触电事故的发生，以保证人身、设备和电力系统三方面的安全。

1.1 安全用电常识

通过本节的学习，了解触电的概念、与触电对人体危害程度有关的因素，熟悉常见的引起触电的方式、触电原因及预防触电的措施等内容。

1.1.1 触电的概念及类型

触电就是因人体接触或接近带电体所引起的局部受伤或死亡的现象。按人体受伤害的程度不同，触电可分为电击和电伤两种类型。

1. 电击

电击是指电流通过人体时所造成的内部器官的损伤。它可造成发热、发麻、神经麻痹等，严重时将引起昏迷、窒息，甚至心脏停止跳动、血液循环终止而死亡，通常说的触电，多是指电击，绝大部分触电死亡事故都是电击造成的。

2. 电伤

电伤是指由于电流的热效应、化学效应、机械效应对人体外部造成的局部伤害，常见的有以下三种情况：电灼伤、电烙印（电斑痕）和皮肤金属化。

电灼伤又可分为直接灼伤和电弧灼伤。直接灼伤指的是发生在高压触电时，电流通过人体皮肤的进出口处，伤及人体组织深层，伤口难以愈合。电弧灼伤指的是发生在短路或高压电弧放电时，电弧像火焰一样把皮肤烧伤、烧坏，同时还会造成眼睛严重损害。

电烙印：发生在人体与带电体有良好接触的情况下，在皮肤表面留下与被接触带电体形状相似的肿块痕迹，往往造成局部麻木和失去知觉。

皮肤金属化：由于电弧的温度极高，使得其周围的金属熔化、蒸发并飞溅到皮肤表层而使皮肤金属化。

1.1.2 与触电对人体伤害程度有关的因素

实践证明,触电对人体的伤害程度与通过人体的电流强度、电压高低、电流频率、持续时间及流过人体的途径等因素有关。

1. 电流大小的影响

触电时,流过人体的电流强度是造成损伤的直接因素。不同强度电流对人体的伤害见表 1-1,可见通过人体的电流越大,对人体的损伤越严重。

表 1-1 不同强度电流对人体的伤害

电流强度	人体反应
100～200μA	对人体无害
1mA 左右	引起麻的感觉
不超过 10mA 时	人尚可摆脱电流
超过 30mA 时	感到剧痛,神经麻痹,呼吸困难,有生命危险
达到 100mA 时	很短时间便会使人心跳停止

2. 电压高低的影响

人体触电的电压越高,对人体的危害越大。我国有关标准规定的安全电压是 12V、24V、36V。如手提照明灯、危险环境携带的电动工具,应采用 36V 安全电压;金属容器内、隧道内、矿井内等工作场合,狭窄、行动不便及周围有大面积接地导体的环境,应采用 24V 或 12V 安全电压。事实上,70% 以上的触电事故发生于 250V 以下的低压触电。对于 250V 以上的高压,虽然危险更大,但一般都具有较完善的防范措施,人们的警惕性也较高,所以触电事故反而较少发生。

3. 电流频率的影响

人体对不同频率的电流的生理敏感性是不同的,因此不同频率的电流对人体的伤害也是有区别的。50～60Hz 交流电对人体是最危险的。随着频率的增高,触电危险程度下降。高频电还能用于治疗疾病。在电流强度相同的情况下,直流电对人体的伤害要比交流电小。

4. 持续时间的影响

触电时间越长,电流所积累的能量越多,引起心室颤动的可能性也就越大。同时触电电流的热效应和化学效应会使人体出汗、组织电解,从而使得人体的电阻逐渐减小,流过人体的电流逐渐增大,伤害也就加大。

5. 电流流过人体路径的影响

电流流过头部可使人昏迷;通过脊髓可能导致瘫痪;通过心脏可造成心脏停止跳动;通过呼吸系统会造成窒息。因此,电流从左手到胸部的危险性最大,从脚到脚危险性较小,但容易造成腿部肌肉痉挛而摔倒,导致二次触电。

6. 人体状况的影响

女性对电流比男性敏感,小孩的摆脱电流较小,人在患病时比健康时受电流伤害大。人的精神状况差,对接触电器无思想准备,对电流反应的灵敏程度低,醉酒、过度疲劳等都可能增加触电事故发生的次数并加重受电流伤害的程度。

7. 人体电阻大小的影响

人体电阻越大，受电流伤害越轻。人的皮肤干燥处或者较厚的部位其电阻值较高，通常人体电阻可按 1～2kΩ 考虑，如果皮肤表面角质层损伤、皮肤潮湿、流汗、带着导电粉尘等，将会大幅度降低人体电阻，增加触电伤害程度。

1.1.3 触电方式

引起触电的方式多种多样，除因电弧灼伤及熔融的金属飞溅灼伤外，可大致归纳为单相触电、两相触电、跨步电压触电、雷击触电和静电触电。

1. 单相触电

人站在地上或其他接地体上，人体的某一部位触及一相带电体而引起的触电，如图 1-1 所示。单相触电可分为两种形式：一种是在三相四线制中性点接地系统中，如图 1-1a 所示，此时人体受到相电压的作用，电流经人体和大地构成回路；另一种是在三相三线制中性点不接地的系统中，如图 1-1b 所示，因为输电线很长，线路对地有较大的电容，触电时电流经人体到大地，再经线路电容而成回路。这两种单相触电所造成的后果都是很严重的。

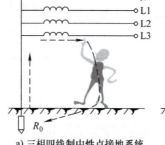

a) 三相四线制中性点接地系统　　b) 三相三线制中性点不接地系统

图 1-1　单相触电示意图

2. 两相触电

两相触电指因人体的不同部位同时接触带电设备或线路中的两相导体而引起的触电。其示意图如图 1-2 所示。此时人体同时接触两根相线，所承受的电压是线电压，其危险性要比单相触电大。

3. 跨步电压触电

跨步电压触电是指高压带电体着地或电气设备发生接地故障时，接地电流流过周围土壤，在导线接地点周围产生电场，其电位分布以接地点为圆心向周围逐渐降低。当人体接近高压着地点时，两脚之间形成跨步电压，当跨步电压达到一定程度时就会引起触电，如图 1-3 所示。跨步电压的大小受接地电流大小、鞋和地面特征、两脚之间的跨距、两脚的方位以及离接地点的远近等很多因素的影响。人的跨距一般按 0.8m 考虑。为了防止跨步电压触电，应离带电体接地点 20m 以外。

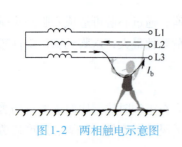

图 1-2　两相触电示意图

图 1-3　跨步电压触电示意图

在下列情况下易发生跨步电压触电事故：

1) 带电导体，特别是高压导体故障接地处，流散电流在地面各点产生的电位差造成跨步电压触电。

2) 接地装置流过故障电流时，流散电流在附近地面各点产生的电位差造成跨步电压电击。正常工作时有较大工作电流流过的接地装置附近，流散电流在地面各点产生的电位差造成跨步电压触电。

3) 防雷装置受到雷击时，极大的流散电流在其接地装置附近地面各点产生的电位差造成跨步电压触电。

4) 高大设施或高大树木遭受电击时，极大的流散电流在附近地面各点产生的电位差造成跨步电压触电。

4. 雷击触电

雷电是一种危害性极强的自然灾害，在电闪雷鸣时，人在树下或建筑物下容易遭雷击。雷击和触电都可当即致死，轻则致伤。超过65V的交流电压就会伤害人体，而闪电的电压可达1亿V，击中人体，可使人立即碳化焦黑。它具有速度快、电压高、对人身和财产危害极大等特点。

在闪电打雷时要迅速到就近的建筑物内躲避。在野外无处躲避时，要将手表、眼镜等金属物品摘掉；不要站在空旷的地带，应找低洼处伏倒躲避；雷雨时，不要打伞，不要骑自行车、摩托车；不要站在高墙上、树木下、电杆旁或天线附近；不要接打电话和手机，最好将手机关机，将电话机线路切断；办公用具及家用电器必须断开电源，以防止引雷上身，同时也可有效地保护电器的安全，使它们免遭雷击。

5. 静电触电

金属物体受到静电感应及绝缘体间的摩擦起电是产生静电的主要原因。例如输油管道中油与金属管壁摩擦、传送带与传送带轮间的摩擦会产生静电；运行过的电缆或电容器绝缘物中会积聚静电。静电的特点是电压高，有时可高达数万伏，但能量不大。发生静电电击时，触电电流往往瞬间即逝，一般不至于有生命危险。但受静电瞬间电击会使触电者从高处坠落或摔倒，造成二次事故。静电的主要危害是其放电火花或电弧可引燃或引爆周围物质，引起火灾和爆炸事故。石油、化工、橡胶、印刷、染织、造纸等行业的静电事故较多，应严加防护。

除上述触电方式外，还有高压电弧触电、接触电压触电等方式。

1.1.4 触电事故的一般规律

触电事故往往发生得很突然，而且在极短的时间内造成极为严重的后果，但不应认为触电事故是不能防止的。为了防止触电事故，应当研究触电事故的规律，以便制订有效的安全措施。根据对触电事故的分析，触电事故有以下规律。

1. 触电事故有明显的季节性

一般在我国南方地区，1~6月、9~12月和北方地区3~11月是触电事故多发性季节，每年的第二、三季度事故较多，6~9月最为集中。这是因为夏秋两季天气潮湿、多雨，降低了电气设备的绝缘性能；自然灾害频繁，电气设备损坏较多，电气设备检修和基建任务加重；夏季人体多汗，皮肤电阻降低；天气热，防护用具携带不全，工作服、绝缘鞋和绝缘手套穿戴不齐整，所以，触电概率大大增加。

2. 低压触电多于高压触电

因为低压电网分布广，低压设备较多，人们经常接触低压电气设备，习以为常，思想上容易麻痹大意。所以人们对低压电的危险不够重视，管理也不严格，致使低压触电事故远多于高压触电事故。特别是在一般的工矿企业中，低压电气设备远多于高压电气设备，人员使用和接触低压设备较多。随着家用电器的发展，人们使用和接触的低压家用电器也越来越多。低压电气设备的故障排除和检修工作比高压电气设备多，尤其是在供用电企业中，因此电气设备维护人员接触低压电气设备的概率更大。而且，当人体接触低压电时，反应的敏感度较差，甚至有些人又缺乏电气安全知识，因此要着重做好防止低压电触电的各项安全措施。

3. 儿童、青年人触电事故多

儿童因没有安全风险意识，容易乱摸乱碰电气设备；青年人多数是主要操作人员，接触电气设备的机会多，但由于他们的经验不足，安全知识也欠缺，因而也易发生触电事故。在电力生产和建设中，青年工人应是工人中的主流，在工作中容易出现：一是忙于赶生产任务或紧急处理停电事故，忽视了安全，猛冲蛮干，违章作业；二是由于年轻或新来的人员对设备不熟、经验不足和缺乏电气安全知识等，发生误登、误碰带电设备而触电。

4. 误操作触电与单相触电事故多

有时作业人员单独进行带电作业，由于监护制度不完备和作业人员责任心不强、思想麻痹，易误操作而造成触电事故。据统计，单相触电事故占总事故的 70% 以上。

5. 触电事故由多方面原因造成

据统计，有 90% 以上的触电事故是由两个以上的原因引起的。造成事故的几个主要因素是：缺乏电气安全知识，违反安全操作规程，设备、线路不合格和维修不善。仅一个原因导致触电事故的，不足总数的 8%。要强调指出的是，由于作业者本人的过失而造成的触电事故最多。

6. 触电事故与行业性质有关

例如，冶金、化工、机械、建筑等行业，由于工作在潮湿、高温和粉尘多的场所，或在高压线路附近作业等，且移动式和携带式动力设备多、现场金属设备多，以及用电管理不善等因素，因此发生触电事故的概率高于其他行业。

7. 农村触电事故多于城市

据统计，农村触电事故为城市的 6 倍。主要是由于农村用电不规范、条件差、设备简陋、人员缺乏电气安全知识和管理不严所致，尤其在农忙季节。

8. 电气连接部位事故多

电气故障点多数发生在分支线、接户线、接线端、压线头、焊接头、电线接头、电缆头、灯头、插头、插座、控制器、开闭器、接触器和熔断器等处，主要是由于这些电气连接部位机械牢固性较差，电气可靠性也较低，容易出现故障。另外，近几年来城镇 10kV 高压绝缘护套导线使用较多，当此类导线发生落地故障后，变电站可能未断开电源，致使行人等发生触电事故。

9. 移动式和携带式电气设备触电事故多

主要是由于这些设备需要经常移动，工作条件较差，容易发生绝缘不良、外壳漏电故障，而且经常在人手紧握情况下工作的缘故。

10. 高压感应触电不容忽视

电力网采用超高电压输电后，由于线路设备的平行和交叉跨越，在停电的线路上，特别是在停电的且与超高压输电线相平行架设的线路上工作，容易引发静电感应高电压和电磁感应高电压触电事故。

1.1.5 常见触电原因及预防措施

1. 常见的触电原因

1）缺乏电气安全常识。例如：带电拉高压开关；在电线杆上掏鸟窝、晾晒衣物等；用手摸绝缘破损的刀开关；用湿手触摸或用湿布擦拭带电电器；室内乱拉电线以及随意加大熔丝规格或用铜丝代替熔丝等。

2）违章操作。如在高压线附近施工；带电接临时照明线路或临时电源；相线误接在电动工具外壳上；带电操作时不采取可靠的安全措施，或在不熟悉电路和电器的情况下盲目修理，且未采取正确的安全措施；停电检修时，不挂警示牌等。

3）设备不合格。如高压架空线架设高度与建筑物距离不符合安全距离要求；电力线路与广播、通信线路共杆架设；电气设备内部绝缘损坏，金属外壳又未加接地保护措施；开关、熔断器误装在中性线上。

4）维修不善。大风刮断低压线路、刮倒电杆未及时处理；刀开关的胶盖破损长期不修理；瓷瓶破裂后相线与拉线长期相碰；水泵电动机接线破损处长期带电；线路老化未及时更换等。

2. 防止触电的安全措施

（1）绝缘防护　绝缘防护就是使用绝缘材料将带电体封护或隔离起来，是最普通、应用最广泛的安全措施之一，例如导线的外包绝缘、变压器的绝缘漆、敷设线路的绝缘子等。良好的绝缘措施是保证电气设备和线路正常运行的必要条件。绝缘通常可分为气体绝缘、液体绝缘和固体绝缘。气体和液体绝缘只应用于特殊场合，如用变压器油实现变压器绕组之间的绝缘。绝缘材料的选用必须与该电气设备的电压、工作环境和运行条件相适应，否则容易造成击穿。常用的绝缘材料有陶瓷、玻璃、云母、橡胶、塑料、石棉和布等。

需要指出的是，绝缘是有条件的。绝缘与电压的高低、环境的温度、湿度等因素有直接关系。在高压强电场的作用下，绝缘材料会被击穿而成为导体；在高温、潮湿等恶劣环境下，绝缘材料的绝缘能力会显著下降甚至丧失绝缘性能。

（2）采用屏护措施与间距措施　屏护就是用防护装置将带电部位、场所同外部隔离开来。屏护装置主要有遮栏、栅栏、保护网、围墙以及各种罩、箱、盖等，如刀开关的胶盖、按钮开关的外壳等。屏护要符合间距要求及有关规定，并根据需要配以明显标志，以引起人们注意。所有屏护装置，都应根据环境分别具有防水、防火、防风等安全措施并且具有足够的机械强度和牢固程度。

间距又称安全距离，是指为防止发生触电或短路而规定的带电体之间、带电体与地面及其他设施之间、工作人员与带电体之间所必须保持的最小距离或最小空气间隙，主要根据在不同形式、不同等级的电压下空气放电间隙要考虑一定的安全裕度而定。安全间距的大小取决于电压等级、设备类型和安装方式等因素。

（3）保护接地　电力系统的接地直接关系到用户的人身和财产安全，以及电气设备和电子设备的正常运行。低压配电系统按接地方式的不同分为 TN 系统、TT 系统、IT 系统。

1）TN 系统电源端有一点直接接地，电气装置的外露可导电部分通过保护中性导体或保护导体连接到此接地点。根据中性导体和保护导体的组合情况，TN 系统又分为 TN-C 系统、TN-S 系统、TN-C-S 系统，其中 TN-S 系统、TN-C-S 系统在低压配电系统中应用比较广泛，如图 1-4 和图 1-5 所示。

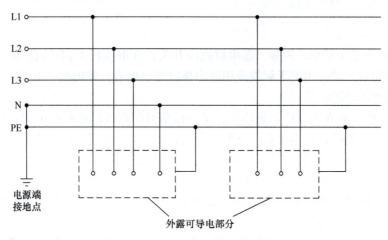

图 1-4　TN-S 系统

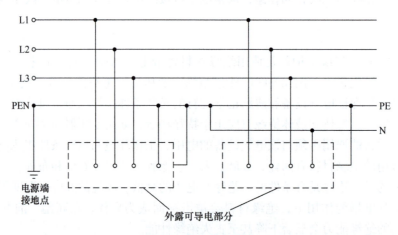

图 1-5　TN-C-S 系统

2）TT 系统电源端有一点直接接地，电气装置的外露可导电部分直接接地，此接地点在电气上独立于电源端的接地点，如图 1-6 所示。

3）IT 系统电源端的带电部分不接地或有一点通过阻抗接地，电气装置的外露可导电部分直接接地，如图 1-7 所示。

（4）采取自动断电措施　在低压配电系统中，只要相线与电气设备金属外壳接触，就会形成故障回路并产生故障电流，在外壳与大地间产生危险的电位差，使触及带电外壳的人有生命危险。若线路的绝缘遭到破坏则会导致漏电，漏电电流的热效应又会加剧线路绝缘的进一步老化，甚至酿成电气火灾。因此，需要增加完善的附加性措施即安装自动断电措施。

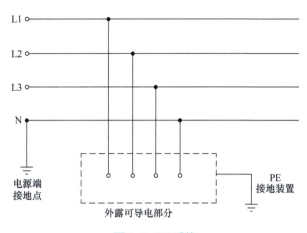

图 1-6　TT 系统

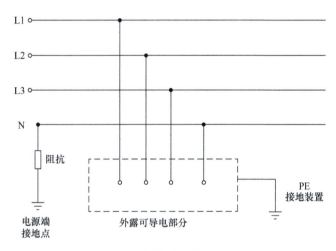

图 1-7　IT 系统

如漏电保护、过电流保护和欠电压保护等，最常用的就是安装剩余电流断路器。剩余电流断路器既能用于设备保护，也能用于线路保护，具有灵敏度高、动作快捷等特点。

1.2　触电急救

通过本节的学习了解触电急救的原则与要求；掌握基本的触电急救措施；掌握人工呼吸与胸外挤压急救方法。

1.2.1　触电的现场急救原则

在电力生产和使用电器的过程中，人身触电事故时有发生，但触电并不等于死亡。实践证明，采取正确的触电急救措施，就会大大降低触电死亡概率。根据多年来现场抢救触电者的经验，现场触电急救的原则可总结为八个字：迅速、就地、准确、坚持。

1. 迅速脱离电源

在相同条件下，触电者触电时间越长，造成心室颤动乃至死亡的可能性也越大。而且，人触电后，由于痉挛或失去知觉等原因，会紧握带电体而不能自主摆脱电源。因此，若发现有人触电，应采取一切可行的措施（下面将具体介绍），迅速使其脱离电源，这是救活触电者的一个重要因素。实施抢救者必须保持头脑清醒，安全、准确、争分夺秒地使触电者脱离电源。人触电以后，"时间就是生命"，早断电一秒钟，就多一分救活的希望。从触电时算起，如能在 5min 以内及时对触电者进行抢救，则触电者的救生率可达 90% 左右；如能在 10min 以内施行抢救，则救生率只能达到 60% 左右；如超过 15min 才施行抢救，则触电者生还希望甚微。

2. 就地进行抢救

实施抢救者必须在现场或附近就地抢救触电者，切勿长途送往医院，以免耽误最佳抢救时间。

3. 准确施行救治

触电者脱离电源后，急救人员不能采用错误的急救方法，如泼冷水、刺人中、用导线绑住触电者进行"放电"等，要根据触电者的不同状况采用相应的救治方法，如胸外挤压等。

4. 坚持到底

无论采用哪种救治方法，都要坚持不断，即使救治时间很长但效果不明显，也不能终止抢救，只要有百分之一的希望就要尽百分之百的努力去抢救。

1.2.2 脱离电源的方法

所谓脱离电源，就是要把触电者接触的那一部分带电设备的所有开关或其他断路设备断开；或设法将触电者与带电设备脱离开。在脱离电源过程中，救护人员既要救人，也要注意保护自身的安全。

1. 低压触电时脱离电源的措施

1）"拉（开关）"：如果触电地点附近有电源开关（刀闸）或插座，可立即拉掉开关（刀闸）或拔出插头来切断电源，并尽可能切断总开关，如图 1-8a 所示。

2）"切（断电源线）"：如果触电现场找不到电源开关（刀闸）或距离太远，可用有绝缘套的钳子或用带木柄的斧子切断电源线，如图 1-8b 所示。

3）"垫（触电者身下）"：如果触电人由于痉挛手指紧握导线或导线绕在身上，可用干燥的木板或橡胶绝缘垫塞进触电人身下使其与大地绝缘（救护者也要站在木板或绝缘垫上），隔断电流通路，如图 1-8c 所示。

4）"拽（触电者）"：当无法切断电源线时，可用干燥的衣服、手套、绳索、木板等绝缘物，拉开触电者，使其脱离电源，如图 1-8d 所示。

5）"挑（导线）"：当电线搭在触电者身上或被压在身下时，可用干燥的木棒等绝缘物作为工具挑开电线，使触电者脱离电源，如图 1-8e 所示。

2. 高压触电时脱离电源的措施

1）如触电事故发生在高压设备上，应立即通知供电部门停电。

2）戴上绝缘手套，穿上绝缘鞋，并用相应电压等级的绝缘工具切断开关。

3）使用绝缘工具切断电线。

4）在架空线路上不可采用上述方法时，可用抛挂接地线的方法，使线路短路跳闸。在抛挂接地线之前，应先把接地线一端可靠接地，然后把另一端抛到带电的导线上，切记此

第1章 安全用电基础知识   11

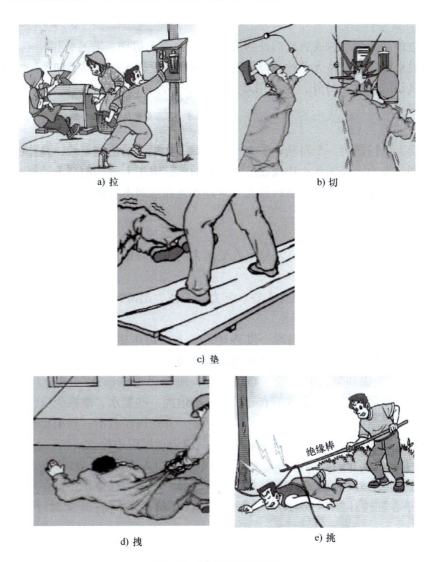

图 1-8 脱离电源的方法

时抛掷的一端不得触及触电者和其他人。**注意：**此方法须在万不得已的情况下才能使用，否则弄不好救护者也会触电。

5) 发现电线杆上有人触电，应争取时间及早在杆上进行抢救。救护人员登高时应随身携带必要的绝缘工具以及牢固的绳索等，并紧急呼救。

1.2.3 触电者脱离电源后的伤情判断

触电者脱离电源后，首先应判断其受电流伤害的程度，从而采取不同的救治方法。

1. 判断呼吸是否停止

将触电者移至干燥、宽敞、通风的地方，将衣、裤放松，使其仰卧，观察胸部或腹部有无因呼吸而产生的起伏动作。若不明显，可用手或小纸条靠近触电者鼻孔，观察有无气流流动，用手放在触电者胸部，感觉有无呼吸动作，若没有，说明呼吸已经停止。

2. 判断脉搏是否搏动

用手检查颈部的颈动脉或腹股沟处的股动脉，看有无搏动。若有，说明心脏还在工作。因颈动脉或股动脉都是人体大动脉，位置表浅，搏动幅度较大，容易感知，经常用来作为判断心脏是否跳动的依据。另外，也可用耳朵贴在触电者心区附近，倾听有无心脏跳动的心音，若有，则心脏还在工作。

3. 判断瞳孔是否放大

瞳孔是受大脑控制的一个自动调节大小的光圈。如果大脑机能正常，瞳孔可随外界光线的强弱自动调节大小。处于死亡边缘或已经死亡的人，由于大脑细胞严重缺氧，大脑中枢失去对瞳孔的调节功能，瞳孔就会自行放大，对外界光线强弱不再做出反应。

1.2.4　针对不同情况的救治

根据上述简单判断的结果，针对触电者受伤害的不同程度、不同症状表现可用下面的方法进行不同的救治。

1) 触电者神志清醒，只是感觉头昏、乏力、心悸、出冷汗、恶心、呕吐，应让其静卧休息，以减轻心脏负担。

2) 触电者神志断续清醒，出现一度昏迷，一方面请医生救治，另一方面让其静卧休息，随时观察其伤情变化，做好万一恶化的施救准备。

3) 触电者已失去知觉，但呼吸、心跳尚存，应在迅速请医生的同时，将其安放在通风、凉爽的地方平卧，解开触电者的衣领裤带，给他闻一些氨水，摩擦全身，使之发热。如果出现痉挛、呼吸渐渐衰弱，应立即施行人工呼吸，并送医院救治。如果出现"假死"（即用一般临床检查方法已经检查不出来生命指征），应边送医院边抢救。

4) 触电者呼吸停止但心跳尚存，则应对触电者施行人工呼吸；如果触电者心跳停止呼吸尚存，则应采取胸外心脏按压法；如果触电者呼吸、心跳均已停止，则必须同时采用人工呼吸法和胸外心脏按压法这两种方法进行抢救，在抢救的同时应及时呼叫医生或拨打"120"。

1.2.5　现场急救方法

1. 口对口人工呼吸法

人工呼吸法是帮助触电者恢复呼吸的有效方法，只对停止呼吸的触电者使用。在几种人工呼吸方法中，以口对口人工呼吸法效果最好，也最容易掌握。其操作步骤如下：

1) 首先使触电者仰卧，迅速解开触电者的衣领、围巾、紧身衣服等，再将颈部伸直，头部尽量后仰，掰开口腔，除去口腔中的黏液、血液、食物、假牙等杂物。如果触电者牙关紧闭，可用木片、金属片从嘴角处伸入牙缝，慢慢撬开。

2) 使触电者的头部尽量后仰，鼻孔朝天，颈部伸直。救护人在触电者的一侧，一只手捏紧触电者的鼻孔，另一只手掰开触电者的嘴巴。救护人深吸气后，紧贴着触电者的嘴巴大口吹气，使其胸部膨胀；之后救护人换气，放松触电者的嘴鼻，使其自动呼气。如此反复进行，吹气 2s，放松 3s，大约 5s 一个循环。

3) 吹气时要捏紧触电者鼻孔，紧贴嘴巴，使之不漏气，放松时应能使触电者自动呼吸，其操作示意图如图 1-9 所示。

4)如果触电者牙关紧闭,一时无法撬开,可采取口对鼻吹气的方法。

5)对体弱者和儿童吹气时用力应稍轻,不可让其胸腹过分膨胀,以免肺泡破裂。当触电者自己开始呼吸时,人工呼吸应立即停止。

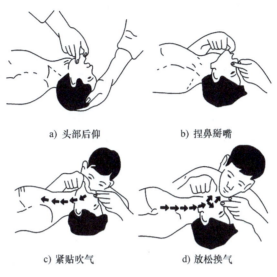

图 1-9　人工呼吸操作示意图

口对口人工呼吸的口诀可归纳为:病人仰卧平地上,鼻孔朝天颈后仰;首先清理口鼻腔,然后松扣解衣裳;捏鼻吹气要适量,排气应让口鼻畅;吹两秒停三秒,五秒一次最恰当。

2. 胸外心脏按压法

在触电者心脏停止跳动时,可以有节奏地在胸廓外加力,对心脏进行挤压。利用人工方法代替心脏的收缩与扩张,以达到维持血液循环的目的。具体操作示意图如图 1-10 所示。

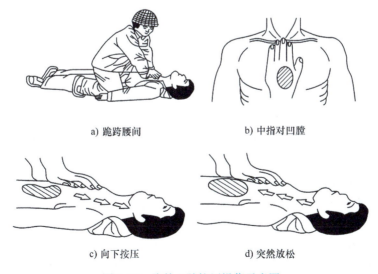

图 1-10　胸外心脏按压操作示意图

1) 将触电者仰卧在硬板上或平整的硬地面上，解松衣裤。

2) 救护者跪跨在触电者腰部两侧，身体前倾，两臂伸直，将一只手的掌根按于触电者胸骨以下横向二分之一处，中指指尖对准颈根凹腔下边缘，另一只手压在这只手的手背上呈两手交叠状，肘关节伸直，靠体重和臂与肩部的用力，向触电者脊柱方向垂直下压胸骨，使胸廓下陷5~6cm，由此使心脏受压，心室的血液被压出，流至触电者全身各部。

3) 双掌突然放松，依靠胸廓自身的弹性，使胸腔复位，让心脏舒张，血液流回心室。放松时，交叠的两掌不要离开胸部，只是不加力而已。重复2)、3)步骤，匀速进行，每分钟100~120次。

在做胸外心脏按压时，应注意以下五点：第一，按压位置和手掌姿势必须正确，下压的区域在胸骨以下横向二分之一处，接触胸部只限于手掌根部，手指应向上，与胸、肋骨之间保持一定距离，不可全掌着力。第二，按压时要对脊柱方向下压，要有节奏，有一定冲击性，但不能用大的爆发力，否则将造成胸部骨骼损伤。第三，按压时间和放松时间大体一样。第四，对心跳和呼吸都已停止的触电者，如果救护者有两人，可以同时进行口对口人工呼吸和胸外心脏按压，效果更好，但两人必须配合默契。如果救护者只有一人，也可两种方法交替进行。其做法如下：先用口对口向触电者吹气两次，立即在胸外按压心脏30次，再吹气两次，再按压30次，如此反复进行，直到将人救活或医生确诊已无法抢救为止。第五，对小孩，只用一只手的手掌根部加压，并酌情掌握压力的大小。

胸外心脏按压的口诀可归纳为：病人仰卧硬地上，松开领口解衣裳；当胸放掌不鲁莽，中指应该对凹腔；掌根用力向下按，压下一寸至寸半；压力轻重要适当，过分用力会挤伤；慢慢压下突然放，一秒一次最恰当。

无论是施行口对口人工呼吸法还是胸外心脏按压法，都要不断观察触电者的面部动作，如果发现其眼皮、嘴唇会动，喉部有吞咽动作时，说明他自己有一定呼吸能力，应暂时停止几秒，观察其自动呼吸的情况，如果呼吸不能正常进行或者很微弱，应继续进行人工呼吸和胸外心脏按压，直到能正常呼吸为止。

1.3 触电急救训练

1.3.1 实施过程

1. 教师讲解示范

1) 教师讲解安全用电的基础知识，让学生对触电有一个基本印象和警惕意识。

2) 切断电源开关，使用绝缘物使触电者脱离带电体。

3) 将脱离电源的触电者放置在绝缘板上，让学生学习判断触电者伤情的方法：判断昏迷：意识消失；看：胸部无起伏；摸：颈动脉跳动消失；感觉：呼吸停止；呼救旁人帮忙，致电"120"。

4) 在工位上利用模拟人施行胸外心脏按压法和口对口人工呼吸法，注意动作和节奏。

5) 人工呼吸：开放气道，垫以纱布，呼进气体。如果合格，模拟人的绿灯闪，如果开放气道不好，气体将吹进胃里，红灯会闪。

6) 胸外心脏按压：胸骨以下横向二分之一处，以一手的小鱼际按压，深度为5~6cm，频率为每分钟 100~120 次。

7）两种方法结合使用时，人工呼吸与胸外按压的比例为 2∶30，即人工呼吸吹 2 次 + 胸外按压 30 下为一组，每做完 5 组都要判断一下患者伤情。

2. 学生操作

根据教学录像演示及指导教师的讲解示范，让学生 2~3 人为一小组进行触电急救训练，包括触电者脱离电源训练、口对口人工呼吸法与胸外心脏按压法的操作训练。教师进行相应指导。

1.3.2 考核与评价

考核学生在触电急救训练过程中的理解能力、安全规范操作的职业能力等，具体检查内容及考核标准如下：

1）是否穿戴防护用品。
2）在操作过程中是否按操作规程进行操作。
3）对口对口人工呼吸法与胸外心脏按压法的要领掌握情况。

考核要求及评分标准见表 1-2。

表 1-2 考核要求及评分标准

项　目	考核内容及评分标准	配　分	扣　分	得　分
脱离电源判断伤情	1. 脱离电源方法选择不当，扣 5 分 2. 伤情判断方法每少一步，扣 5 分	20 分		
人工呼吸	1. 吹气前的准备工作做不好，扣 10 分 2. 吹气量与姿势不规范，扣 10 分 3. 换气时间不当，扣 10 分	35 分		
胸外心脏按压	1. 叠手姿势不正确，扣 5 分 2. 压点不正确，扣 10 分 3. 挤压、放松动作不规范，扣 10 分 4. 时间掌握不当，扣 10 分	35 分		
安全文明生产	1. 工具整理不齐，扣 5 分 2. 环境清洁不合格，扣 5 分	10 分		
合　计		100 分		
备　注	根据学生的实习态度、掌握急救措施的时间、效果及方法进行综合评价			

1.4 【知识拓展】电力系统基础知识

1.4.1 电力系统的组成

由于目前电能还不能大量地储存，电能的生产、传送、分配和使用都是在同一时间内完成，因此必须将各个环节有机地连成一个整体。电力系统就是由各种电压等级的电力线路将各发电厂、变电所和电力用户联系而成的发电、输电、配电和用电的整体。图 1-11 是从火力发电厂到电力用户各个环节的电力系统组成示意图。

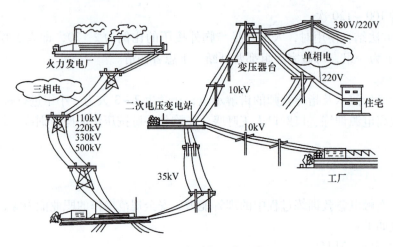

图1-11 电力系统组成示意图

1. 电力网

电力网是由各种不同电压等级的电力线路和送变电设备组成的,是电力系统的重要组成部分,是发电厂和用户不可缺少的中心环节。电力网的作用是将电能从发电厂输送并分配到用户处。电力网中包含输电线路的电网称为输电网,包含配电线路的电网称为配电网。

输电网由35kV及以上的输电线路和与其相连的变电所组成,是电力系统的主要网络(简称主网),也是电力系统中电压最高的电网,在电力系统中起到骨架作用,所以又称网架。它的作用是将电能输送到各个地区的配电网或直接送给大型工业企业用户。

配电网由10kV及以下的配电线路和配电变电所组成。它的作用是将电力分配到各类用户。

电力网按本身的结构方式,又可分为开式电力网和闭式电力网。用户从单方向得到电能的电网称为开式电力网;凡用户可从两个及两个以上方向得到电能的电力网称为闭式电力网。环形和两端供电的电网,均属闭式电力网。为了研究方便,电力网分为地方网和区域网两大类。电压在110kV及以上的电力网称为区域性电力网;电压在110kV以下的电力网称为地方性电力网。

2. 电力系统负荷

电力系统中所有用户的用电设备消耗功率的总和,称为电力系统负荷。电力系统负荷应根据对供电可靠性的要求及中断供电在政治、经济上所造成损失或影响的程度进行分级,并应符合下列规定:

符合下列情况之一时,应视为一级负荷:

1) 中断供电将造成人身伤亡时。

2) 中断供电将在经济上造成重大损失时。例如:重大设备损坏、重大产品报废、用重要原料生产的产品大量报废、国民经济中重点企业的连续生产过程被打乱且需要长时间才能恢复。

3) 中断供电将影响重要用电单位的正常工作。例如:重要交通枢纽、重要通信枢纽、重要宾馆、大型体育场馆、经常用于国际活动的大量人员集中的公共场所等用电单位中的重要电力负荷。在一级负荷中,当中断供电将造成人员伤亡或重大设备损坏或发生中毒、爆炸和火灾等情况的负荷，以及特别重要场所的不允许中断供电的负荷，应视为一级负荷中特别重要的负荷。

对一级负荷一律应由两个独立电源供电。

符合下列情况之一时，应视为二级负荷：

1）中断供电将在经济上造成较大损失时。例如：主要设备损坏、大量产品报废、连续生产过程被打乱需较长时间才能恢复、重点企业大量减产等。

2）中断供电将影响较重要用电单位的正常工作。例如：交通枢纽、通信枢纽等用电单位中的重要电力负荷，以及中断供电将造成大型影剧院、大型商场等较多人员集中的重要的公共场所秩序混乱。

不属于一级和二级负荷者应为三级负荷，如附属企业、附属车间和某些非生产性场所中不重要的电力负荷等。

1.4.2 常用的低压配电系统

在低压配电系统中，变压器低压侧中性点不同的接地方式与用电设备不同的安全保护方式相结合，就构成了不同的低压配电系统，一般分为 TT 系统、IT 系统和 TN 系统。

1. TT 系统

TT 系统也称为三相四线制保护接地供电系统，其电源变压器中性点接地，电气设备外壳采用保护接地。其中三条线路分别代表 L1、L2、L3 三相，把三相线的末端连接在一起，成为一个公共端点（称为中性点），用符号"N"表示。从中性点引出的输电线称为中性线，中性线通常与大地相连，中性点也称为零点，中性线也称为零线。在进入用户的单相输电线路中，有两条线，一条称为相线，另一条称为中性线，中性线正常情况下要通过电流以构成单相线路中电流的回路。

TT 方式供电系统在供电距离不是很长时，供电的可靠性高、安全性好。一般用于不允许停电的场所，或者是要求严格地连续供电的地方，例如电力炼钢、大医院的手术室、地下矿井等处。

2. IT 系统

IT 系统也称为三相三线保护接地供电系统，其电源变压器中性点不接地，而电气设备外壳采用保护接地。其中三条线路分别代表 L1、L2、L3 三相。IT 系统的优点是供电可靠性高，当单相接地第一次故障时，故障电流小，可不切断电源，警报设备报警，通过检查线路可消除故障，供电连续性较高，但是，如果用在供电距离很长时，供电线路对大地的分布电容就不能忽视了。在负载发生短路故障或漏电使设备外壳带电时，漏电电流经大地形成回路，而保护设备不一定动作，这是危险的。因此，只有在供电距离不太长时 IT 系统才比较安全，适用于大型电厂的厂用电和重要生产线用电，这种供电方式在工地上很少见。

3. TN 系统

TN 系统是变压器的中性点直接接地，用电设备不带电的金属外壳与中性导体或专业保护导体连接的供电系统。这种供电系统的特点是一旦设备出现外壳带电，保护系统能将漏电电流上升为短路电流，这个电流很大，是 TT 系统的 5.3 倍，实际上就是单相对地短路故障，熔断器的熔丝会熔断，低压断路器的脱扣器会立即动作而跳闸，使故障设备断电，比较安全。在 TN 供电系统中，根据其保护导体是否与中性导体分开而划分为 TN-C、TN-S 和 TN-

C-S 三种。TN-C 供电系统是用中性导体兼作保护导体，可以称为保护中性线，可用 PEN 表示。TN-S 供电系统是把中性线 N 和专用保护线 PE 严格分开的供电系统。TN-C-S 系统由 TN-C 系统演变而来，根据需要 PEN 线自某点开始分为中性线 N 和保护线 PE。

1.5 思考与练习

1. 人体触电有哪几种方式？对人类有哪些危害？
2. 电流对人体的危害程度和哪些因素有关？
3. 什么叫安全电压？
4. 如何避免雷电？
5. 在同一电源上，能否部分设备采用保护接零而另一部分采用保护接地？
6. 触电事故的一般规律有哪些？
7. 常用的预防触电的措施有哪些？
8. 发现有人触电，都有哪些使触电者脱离带电体的方法？
9. 如何判断触电者呼吸和心跳是否停止？
10. 简述口对口人工呼吸法的动作要领。
11. 简述胸外心脏按压法的动作要领。
12. 哪些场合需要将口对口人工呼吸与胸外按压法同时使用？

问题探讨：查阅资料，结合本章内容谈谈如何贯彻"坚持安全第一，预防为主"的理念。

第 2 章

常用电工工具

电工工具是电气操作的基本工具。工具不合规格、使用不当、质量不好，都会影响施工质量、降低工作效率，甚至造成事故。熟悉常用电工工具的基本结构，掌握其正确的使用方法，是对电气操作人员的基本要求。

2.1 常用电工工具的使用

通过本节的学习了解常用电工工具的用途、类型；熟悉常用电工工具的正确使用方法以及注意事项。

2.1.1 试电笔

试电笔也叫测电笔，简称电笔，是检测电路和设备是否带电的工具。

1. 低压试电笔

低压试电笔通常制成钢笔式和螺钉旋具式两种，它的前端是金属探头，后部塑料外壳内装有氖管、安全电阻和弹簧，尾端有金属端盖或钢笔形金属挂鼻，是使用时手必须触及的部位，其外形和基本结构如图 2-1 和图 2-2 所示。

试电笔的使用方法

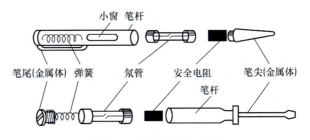

图 2-1 钢笔式和螺钉旋具式试电笔外形　　　　图 2-2 试电笔的基本结构

（1）低压试电笔的工作原理　当用低压试电笔测试带电体时，电流经带电体、电笔、人体及大地形成通电回路，当带电体与大地之间的电位差超过 60V 时，试电笔中的氖管在电场的作用下就会启辉发光。普通低压试电笔的电压测量范围为 60~500V。

（2）低压试电笔的使用方法

1）使用前，必须在有电处对试电笔进行测试，以证明该试电笔确实良好，方可使用。

2）使用时，人手接触试电笔的部位一定是试电笔的金属端盖或挂鼻，而不是试电笔前端的金属部分，以免造成触电事故。笔握好以后，一般用大拇指或食指触摸顶端金属，用笔尖接触测试点，并使氖管小窗背光且朝向自己，以便观测氖管的亮暗程度，防止因光线太强造成误判断，如图2-3所示。

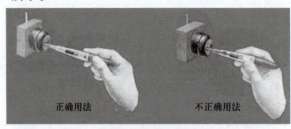

a) 钢笔式试电笔握法

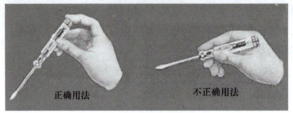

b) 螺钉旋具式试电笔握法

图2-3 低压试电笔的握法

3）螺钉旋具式试电笔的刀杆较长，应加装绝缘套管，以免测试时造成短路及触电事故。

4）使用完毕，要保持试电笔清洁，并放置在干燥处，严防摔碰。

2. 数显感应试电笔

数显感应试电笔的外形结构如图2-4所示。

本试电笔适用于直接检测 12～250V 交、直流电和间接检测交流电的中性线、相线和断点，还可测量不带电导体的通断。

（1）自检 用一只手触及直接测量按钮，另一只手触及笔尖，发光二极管亮证明试电笔正常。

（2）检测 用笔尖直接接触被检测物时，按直接测量按钮；用笔尖感应接触被检测物时，按感应断点测试按钮。

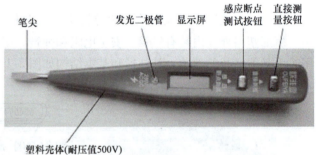

图2-4 数显感应试电笔的外形结构

1）直接检测：轻触直接测量按钮，用试电笔金属前端直接接触被检测物体。

① 最后数字为所测电压值（本试电笔分为 12V、36V、55V、110V、220V 五段电压值，通常电压低于 36V 时对生命没有危险）。

② 未到高段显示值70%时，显示低段值。例如被测实际电压值为150V（小于 220V × 70%）时，试电笔显示110V。

③ 测量非对地的直流电时，手应碰另一极（如正极或负极）。

2）间接检测：轻触感应断点测试按钮，将笔尖靠近被检测物，如果显示屏上显示高压符号，表示被检测物内部带交流电。

测量有断点的电线时,轻触感应断点测试按钮,用试电笔笔尖靠近该电线,或者直接接触该电线的绝缘外层,沿线移动,若高压符号消失,则此处即为断点处。

注意事项:

1)按钮不需用力按压。

2)测试时不能同时接触两个测量按钮,否则会影响灵敏度和测试结果。

3)不管试电笔上如何印字,请认明离液晶屏较远的为直接测量按钮;离液晶屏较近的为感应断点测试按钮。

3. 高压验电器

高压验电器主要用于检测对地电压 250V 以上的高压电气线路与电气设备是否带电。常用的有 10kV 和 35kV 两种电压等级。高压验电器的种类较多,原理也不尽相同,常见的有发光型、风车型及有源声光报警型等几种。图 2-5 是一种 10kV 高压验电器。

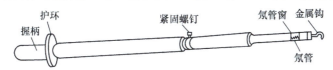

图 2-5　10kV 高压验电器

注意事项:

1)高压验电器在使用前应经过检查,确定其绝缘完好,氖管发光正常,与被测设备电压等级相适应。

2)进行测量时,应使高压验电器逐渐靠近被测物体,直至氖管发亮,然后立即撤回。

3)使用高压验电器时,必须在气候条件良好的情况下进行,在雪、雨、雾、湿度较大的情况下,不宜使用,以防发生危险。

4)进行测量时,人体与带电体应保持足够的安全距离,10kV 高压的安全距离为 0.7m 以上,高压验电器应每半年做一次预防性试验。

5)在使用高压验电器时,**应特别注意手握部位应在护环以下**。

4. 试电笔的辅助用途

(1)判断感应电　用一般试电笔测量较长的三相线路时,即使三相交流电源缺一相,也很难判断出是哪一根电源线缺相,原因是线路较长,并行的线与线之间有线间电容存在,使得缺相的某一根导线产生感应电,使电笔氖管发亮。此时可在试电笔的氖管两端并接一只 1500pF 的小电容(耐压值要大于 250V),这样在测带电线路时,电笔仍可照常发光;如果测得的是感应电,电笔就不亮或微亮,据此可判断出所测的电源是否为感应电。

(2)判别交流电源同相或异相　两只手各持一支试电笔,站在绝缘物体上,把两支笔同时触及待测的两条导线,如果两支试电笔的氖管均不太亮,则表明两条导线是同相电;若两支试电笔氖管发出很亮的光,则说明两条导线是异相电。

(3)区别交流电和直流电　交流电通过试电笔时,氖管中两极会同时发亮;而直流电通过试电笔时,氖管里只有一个极发亮。

(4)判别直流电的正负极　把试电笔跨接在直流电的正、负极之间,氖管发亮的一头是负极,不发亮的一头是正极。

(5)用试电笔测知直流电是否接地并判断是正极还是负极接地　在要求对地绝缘的直

流装置中,人站在地上用试电笔接触直流电,如果氖管发亮,则说明直流电存在接地现象;若氖管不发亮,则不存在直流电接地。若试电笔尖端的一极发亮,则说明正极接地;若手握笔端的一极发亮,则是负极接地。

(6) 作为中性线监视器　把试电笔一头与中性线相连接,另一头与地线连接,如果中性线断路,氖管即发亮。

(7) 做家用电器指示灯　把试电笔中的氖管与电阻取出,将两元件串联后接在家用电器电源线的相线与中性线之间,家用电器工作时,氖管即发亮。

(8) 判别物体是否产生静电　手持试电笔在某物体周围寻测,如氖管发亮,证明该物体上已有静电。

(9) 粗估电压　经验丰富的电工使用自己常用的试电笔,可根据测电时氖管发光亮的强弱程度粗略估计电压高低,电压越高,氖管越亮。

(10) 判断电气接触是否良好　若氖管光源闪烁,则表明为某线头松动、接触不良或电压不稳定。

(11) 判断电视机高压　手持试电笔接近电视机的高压嘴附近,氖管亮,即有高压。

2.1.2　电工刀

电工刀是用来剖削电线线头、切割木台缺口、削制木榫的专用工具,如图 2-6 所示。

注意事项:

1) 电工刀不得用于带电作业,以免触电。

2) 应将刀口朝外剖削,并注意避免伤及手指。

3) 剖削导线绝缘层时,应使刀面与导线成 45°切入,15°向外剖削。避免伤及手指、割伤导线线芯。

4) 使用完毕,随即将刀身折进刀柄。

图 2-6　电工刀

2.1.3　螺钉旋具

螺钉旋具是一种紧固或拆卸带槽螺钉的工具。按其头部形状可分为一字形和十字形两种。螺钉旋具的外形如图 2-7 所示。

注意事项:

1) 选择合适的刀口。

2) 螺钉旋具较小时,用大拇指和中指夹住握柄,同时用食指顶住柄的末端用力旋动,如图 2-8a 所示。

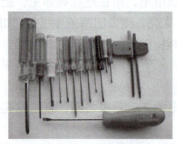

图 2-7　螺钉旋具的外形

a) 螺钉旋具较小

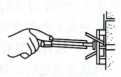

b) 螺钉旋具较大

图 2-8　螺钉旋具的使用方法

3）螺钉旋具较大时，除大拇指、食指和中指要夹住握柄外，手掌还要顶住柄的末端以防旋转时滑脱，如图2-8b所示。

4）螺钉旋具较长时，用右手压紧手柄并转动，同时左手握住螺钉旋具的中间部分（不可放在螺钉周围，以免将手划伤），以防止螺钉旋具滑脱。

5）带电作业时，手不可触及螺钉旋具的金属杆，以免发生触电事故。

6）电工不可使用金属杆直通握柄顶部的螺钉旋具，以避免发生触电事故。

7）为避免螺钉旋具的金属杆触及带电体时手指碰触金属杆，电工用螺钉旋具应在金属杆上穿套绝缘管。

2.1.4 钢丝钳

钢丝钳又称老虎钳，是电工及其他维修人员使用最频繁的工具之一，有150mm、175mm、200mm及250mm等多种规格。其中，钳口可用于钳夹和弯绞导线，齿口可用来紧固或拧松小螺母，刀口可用来剪切电线、起拔铁钉、剖切软电线的橡皮或塑料绝缘层，铡口可用来铡切钢丝等硬金属丝。电工用钢丝钳柄部加有耐压500V以上的塑料绝缘管，可带电剪切380/220V电线。钢丝钳的外形与构造如图2-9所示，使用方法如图2-10所示。

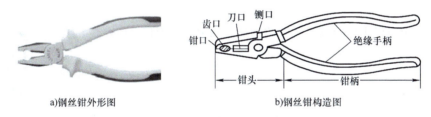

图2-9 钢丝钳的外形与构造

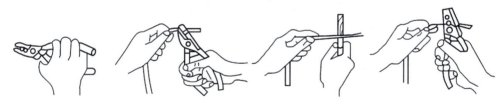

图2-10 钢丝钳的使用方法

注意事项：

1）使用前检查其绝缘手柄绝缘状况是否良好，若发现绝缘手柄绝缘破损或潮湿时，不允许带电操作，以免发生触电事故。

2）使用钢丝钳正确的操作方法是：将钳口朝内侧，便于控制钳切部位，用小指伸在两钳柄中间来抵住钳柄，张开钳头，保证分开钳柄灵活。

3）**用钢丝钳剪切带电导线时，必须单根进行**，不得用刀口同时剪切相线和中性线或者不同相位的两根相线，以免发生短路事故。

4）不能用钳头代替锤子作为敲打工具，否则容易引起钳头变形。钳头的轴销应经常加机油润滑，保证其开闭灵活。

5）严禁用钢丝钳代替扳手紧固或拧松大螺母，否则，会损坏螺栓、螺母等工件的棱角。

2.1.5 尖嘴钳

尖嘴钳是一种常用的钳形工具，其头部尖细，适用于在狭小的工作空间操作，如图 2-11 所示。

尖嘴钳可用来剪断较细小的导线；能夹持较小的螺钉、螺帽、垫圈、导线等；也可用来对单股导线整形（如平直、弯曲等）、剥塑料绝缘层等。若使用尖嘴钳带电作业，应检查其绝缘是否良好，并在作业时金属部分不要触及人体或邻近的带电体。

图 2-11　尖嘴钳

2.1.6 斜口钳

斜口钳主要用于剪切各种电线、电缆和元器件多余的引线，还常用来代替一般剪刀剪切绝缘套管、尼龙扎线卡等，如图 2-12 所示。

注意事项：

1）对粗细不同、硬度不同的材料，应选用大小合适的斜口钳。

2）不能用斜口钳剪断较粗较硬的物品，以免弄伤刀口。

3）剪导线扎带时要小心以免伤到导线。

图 2-12　斜口钳

2.1.7 剥线钳

剥线钳是专用于剥削较细小导线绝缘层的工具，如图 2-13 所示。

使用剥线钳剥削导线绝缘层时，先将要剥削的绝缘长度用标尺定好，然后将导线放入相应的刀口中（比导线直径稍大），再用手将钳柄一握，导线的绝缘层即被剥离。

注意事项：

1）要根据导线的粗细型号，选择相应的剥线刀口。

2）不能当钢丝钳使用，以免损伤剥线钳。

剥线钳的使用方法

图 2-13　剥线钳

2.1.8 活扳手

活扳手是一种旋紧或拧松有角螺钉或螺母的工具。电工常用的有 200mm、250mm、300mm 三种，使用时应根据螺母的大小选配，如图 2-14 所示，其使用方法如图 2-15 所示。

图 2-14　活扳手

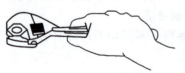

a）扳较大螺母时的握法　　　　b）扳较小螺母时的握法

图 2-15　活扳手的使用方法

注意事项：

1）扳动小螺母时，因需要不断地转动蜗轮，调节扳口的大小，所以手应握在靠近呆扳唇，并用大拇指调制蜗轮，以适应螺母的大小。

2）活扳手的扳口夹持螺母时，呆扳唇在上，活扳唇在下。活扳手切不可反过来使用。

3）在扳动生锈的螺母时，可在螺母上滴几滴煤油或机油。

4）在拧不动时，切不可采用钢管套在活扳手的手柄上来增加扭力，否则极易损伤活扳唇。

5）不得把活扳手当锤子用。

6）使用时，右手握手柄，手越靠后，扳动起来越省力。

2.2 其他特殊用途的电工工具和常用配线元件

通过本节的学习了解一些特殊用途的电工工具和常用配线元件的类型；熟悉它们正确的使用方法以及注意事项。

2.2.1 冲击电钻

冲击电钻是一种头部有钻头、内部装有单相整流电动机、靠旋转来钻孔的手持电动工具。它有普通电钻和冲击电钻两种。普通电钻装上通用麻花钻，仅靠旋转就能在金属上钻孔。冲击电钻采用旋转带冲击的工作方式，一般带有调节开关。当调节开关在旋转无冲击即"钻"的位置时，其功能如同普通电钻；当调节开关在旋转带冲击即"锤"的位置时，装有镶有硬质合金的钻头，便能在混凝土和砖墙等建筑构件上钻孔。通常可冲直径为 6～16mm 的圆孔。冲击电钻如图 2-16 所示。

图 2-16 冲击电钻

注意事项：

1）长期搁置不用的冲击电钻，使用前必须用 500V 绝缘电阻表测定其对地绝缘电阻，其值应不小于 0.5MΩ。

2）使用金属外壳冲击电钻时，必须戴绝缘手套、穿绝缘鞋或站在绝缘板上，以确保操作人员的人身安全。

3）在钻孔时遇到坚硬物体不能加过大的压力，以防钻头退火或冲击钻因过载而损坏。

4）冲击电钻因故突然堵转时，应立即切断电源。

5）在钻孔过程中应经常把钻头从钻孔中抽出以便排除钻屑。

2.2.2 压线钳

压线钳又称压接钳，是连接导线与导线或导线线头与接线耳的常用工具，如图 2-17 所示。按用途分为户内线路使用的铝绞线压线钳、户外线路使用的铝绞线压线钳和钢芯铝绞线使用的压线钳。其使用方法如图 2-18 所示。将待接线放入接线耳中，将接线耳放入压接钳头中，紧握钳柄就可以了。

 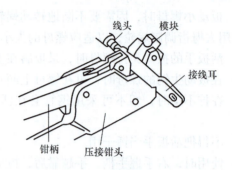

图 2-17 压线钳　　　　　　　　　图 2-18 压线钳的使用方法

注意事项：

1) 在压线的过程中要注意所使用的端子与牙线相匹配，否则不能进行压制。
2) 压线钳手柄未压到底打不开棘轮机构。压模前端部靠紧后须确认棘轮脱开。
3) 使用时压接面上不能附着锈、损伤、脏污等，以免导致压接不完全。

2.2.3 打号机

打号机的全称是线号印字机，又称线号打印机，简称线号机、打号机。其外形和使用场景如图 2-19 和图 2-20 所示。可在 PVC 套管、热缩管、专用不干胶标签、标记带上打印字符，一般用于电控、配电、开关设备二次线标识，是电控、配电设备及综合布线工程配线标识的专用设备，可满足电厂、电气设备厂、变电站、电力行业电线区分标志标识的需要。目前广泛应用的是计算机线号印字机（或称电子线号印字机），属于热转印打印机，本身自带键盘，操作简单、使用方便。

图 2-19 打号机的外形　　　　　　　图 2-20 打号机的使用场景

2.2.4 配线常用件

1. 接线端子板

接线端子板是用于实现电气连接的一种配件产品，如图 2-21 所示，主要用于控制柜与现场之间的导线连接，柜内线之间的连接，接线牢靠，施工和维护方便。

接线端子板是为了方便导线的连接而应用的，它其实就是一段封在绝缘塑料里面的金属片，两端都有孔可以插入导线，螺钉用于紧固或者松开，比如两根导线，有时需要连接，有时又需要断开，这时就可以用端子把它们连接起来，并且可以随时断开，而不必把它们焊接起来或者缠绕在一起，很方便快捷。接线端子板也适合大量导线的互连，在电力行业就有专门的端子排、端子箱，其上面全是接线端子，包括单层的、双层的、电流的、电压的、普通的和可断的等。一定的压接面积是为了保证可靠接触，以及保证能通过足够的电流。其使用场景如图 2-22 所示。

图 2-21 接线端子板

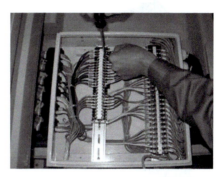

图 2-22 接线端子板的使用场景

2. 行线槽

行线槽一般又称为电气配线槽、走线槽等，如图 2-23 所示。采用 PVC 塑料制造，具有绝缘、防弧、阻燃、自熄等特点，主要用于电气设备内部布线，在 1200V 及以下的电气设备中对敷设其中的导线起机械防护和电气保护作用。使用该产品后，配线方便，布线整齐，安装可靠，便于查找、维修和调换线路。其使用场景如图 2-24 所示。

图 2-23 行线槽

图 2-24 行线槽的使用场景

3. Ω 导轨

Ω 导轨是金属或其他材料制成的槽或脊，可承受、固定、引导移动装置或设备并减少其摩擦的一种装置，如图 2-25 所示。Ω 导轨表面上的纵向槽或脊，用于导引、固定机器部件、专用设备、仪器等。Ω 导轨的横切面呈"Ω"形，因此而得名，在 PLC 控制柜配线中，主要用来固定接线端子、低压电器等。其使用场景如图 2-26 所示。

4. 线号管

线号管简称套管，如图 2-27 所示。在套管上用线号机打印线号，用于配线标识。常用的是白色 PVC 内齿圆套管，常用规格为 $0.75mm^2$、$1.0mm^2$、$1.5mm^2$、$2.5mm^2$、$4.0mm^2$、$6.0mm^2$，其规格与电线规格相匹配，如 $1.5mm^2$ 电线应选用 $1.5mm^2$ 套管。其使用场景如图 2-28 所示。

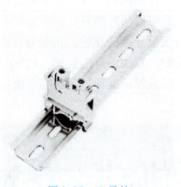
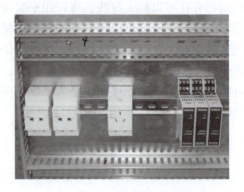

图 2-25　Ω 导轨　　　　　　　　图 2-26　Ω 导轨的使用场景

图 2-27　线号管　　　　　　　　图 2-28　线号管的使用场景

5. 压接端头

　　导线的两端如果要连接到设备的接线端上，此时需要在导线端使用压接端头对裸线头进行冷压，使导线与压接端头压在一起，这样导线在连接时可以达到良好的接触并不易脱落，因此在配线或接线的时候压接端头得到了广泛的应用。其外形与使用场景分别如图 2-29 和图 2-30 所示。

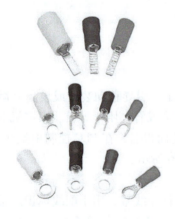

图 2-29　压接端头的外形　　　　　　图 2-30　压接端头的使用场景

2.3 【知识拓展】钳形电流表

2.3.1 钳形电流表概述

1. 钳形电流表的特点

钳形电流表又可称为卡表，简称钳形表，是一种可在不停电的情况下测量线路中电流的便携式仪表，在电气检修中使用非常方便，此种测量方式最大的益处就是可以测量大电流而不用关闭被测电路。

2. 钳形电流表的组成

钳形电流表的工作部分主要由一只电磁式电流表和穿心式电流互感器组成。穿心式电流互感器铁心制成活动开口且成钳形，故名钳形电流表，如图2-31所示。

3. 钳形电流表的分类

钳形电流表按显示方式可分为指针式和数字式；按结构分主要有互感式和电磁系；按功能分主要有交流钳形电流表、多用钳形表、谐波数字钳形表、泄漏电流钳形表和交直流钳形电流表等几种。

图2-31 钳形电流表

2.3.2 钳形电流表的工作原理

1. 互感式钳形电流表

常见的钳形电流表多为互感式钳形电流表，由电流互感器和整流式电流表组成，其原理图如图2-32所示。

互感式钳形电流表是利用电磁感应原理来测量电流的。电流互感器的铁心呈钳口形，当紧握钳形电流表的把手时，其铁心张开，将被测电流的导线放入钳口中。松开把手后铁心闭合，通有被测电流的导线就成为电流互感器的一次侧，于是在二次侧就会产生感应电流，并送入整流式电流表进行测量。电流表的标度是按一次电流刻度的，所以仪表的读数就是被测导线中的电流值。**互感式钳形电流表只能测交流电流**。

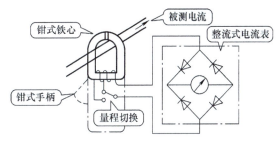

图2-32 互感式钳形电流表原理图

2. 电磁系钳形电流表

电磁系钳形电流表主要由电磁系测量机构组成，其原理如图2-33所示。处在铁心钳口中的导线相当于电磁系测量机构中的线圈，当被测电流通过导线时，在铁心中产生磁场，使可动铁片磁化，产生电磁推力，带动指针偏转，指示出被测电流的大小。由于电磁系仪表可动部分的偏转方向与电流极性无关，因此可以交、直流两用。由于这种钳形电流表属于电磁系仪表，指针转动力矩与被测电流的平方成正比，所以标度尺刻度是不均匀的，并且容易受到外磁场影响。

注意事项：

1）测量前，应先检查钳形铁心的橡胶绝缘是否完好无损。钳口应清洁、无锈，闭合后无明显缝隙。

2）测量时，应先估计被测电流的大小，选择合适量程。若无法估计，可先选较大量程，然后逐档减少，转换到合适的量程。转换量程时，必须在不带电的情况下或者在钳口张开的情况下进行，以免损坏仪表。

3）测量时，被测导线应尽量放在钳口中部，钳口的结合面闭合时如有杂声，应重新开合一次，仍有杂声，应处理结合面，以避免读数不准确。另外，不可同时钳住两根导线。

4）测量 5A 以下电流时，为得到较为准确的读数，在条件许可的情况下可将导线多绕几圈，放进钳口测量，其实际电流值应为仪表读数除以放进钳口内的导线根数。

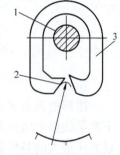

图 2-33　电磁系钳形电流表原理图

1—被测导线
2—可动铁片
3—磁路系统

5）每次测量前后，要把调节电流量程的切换开关放在最高量程，以免下次使用时，因未经选择量程就进行测量而损坏仪表。钳形电流表与普通电流表不同，它由电流互感器和电流表组成。可在不断开电路的情况下测量负荷电流，但只限于在被测线路电压不超过 500V 的情况下使用。

2.4　思考与练习

1. 常用的电工工具有哪些？
2. 在使用试电笔时应注意哪些问题？
3. 用电工刀切削导线时应注意什么？
4. 配线常用件有哪些？
5. 如何使用冲击电钻？

问题探讨："工欲善其事，必先利其器"。在做事之前准备好工具，掌握其特性，就能得心应手，游刃有余。在学习上同样如此，掌握科学有效的学习方法是成功的保证。请结合自身实际，谈谈如何掌握科学的学习方法，自己又是怎样保持高效学习的。

第 3 章

常用导线的连接

当导线不够长或需要接分支线路时就需要将导线与导线进行连接。常用导线的连接是电工工艺的基本功，是培养电工动手能力和解决实际问题的实践基础，导线连接的质量关系着电路和电气设备运行的可靠性和安全程度。在低压系统中，导线连接点是故障率最高的部位。电气设备和电路是否能安全可靠地运行，在很大程度上取决于连接质量。

常用的导线有铜芯和铝芯两种，线芯有单股、七股和多股等多种规格，不同导线的连接方法也不相同，但基本步骤均包括导线绝缘层的去除、导线的连接和导线绝缘的恢复。对导线连接的基本要求是：电接触良好，机械强度足够，接头美观，绝缘恢复正常。

3.1 常用导线的基础知识

通过本节的学习了解常用导线的分类、颜色、安全载流量以及选择原则。

3.1.1 常用导线的分类

导线是能够导电的金属线，是电能和电磁信号的传输载体，由导电的芯线和绝缘体的外皮组成。芯线一般由铜、铝组成，铜容易氧化，镀锡易焊接，镀银易导电，镀镍易耐热。绝缘外皮除了绝缘外还可以增加机械强度，保护导线不受外界腐蚀。常见绝缘材料有塑料、橡胶、纤维（棉、化纤）、涂料等。

常用导线可以分为裸线、电磁线、绝缘电线电缆和通信电缆。

1. 裸线

裸线没有绝缘和护层结构，常用的裸线有软线和型线两种，其中软线由多股铜线或镀锡铜线胶合编织而成，其特点是柔软、耐振动、耐弯曲。型线是非圆形截面的裸线。裸线大部分作为电线电缆的线芯。

2. 电磁线

电磁线是有绝缘层的导线，多应用于电机、电器及电工仪表中，作为绕组或元件的绝缘导线。常用的有漆包线和绕包线两类。漆包线的绝缘层是漆膜，广泛用于中小型电动机及微型电动机、干式变压器及其他电工产品。绕包线是用玻璃丝、绝缘层或合成树脂薄膜紧密绕包在导线线芯上形成绝缘层，一般用于大中型电工产品。

3. 绝缘电线电缆

绝缘电线电缆一般由导体、绝缘层和保护层三层组成，广泛应用于照明和电气控制电路中。常用的绝缘电线电缆有以下几种：聚氯乙烯绝缘电线、聚氯乙烯绝缘软线、丁腈聚氯乙烯混合物绝缘软线、橡皮绝缘电线、农用地下直埋铝芯塑料绝缘电线、橡皮绝缘棉纱纺织软线、聚氯乙烯绝缘尼龙护套电线、电力和照明用聚氯乙烯绝缘软线等。

4. 通信电缆

通信电缆是指用于近距离音频通信和远距离的高频载波、数字通信及信号传输的电缆。根据通信电缆的用途和适用范围，可分为六大系列产品，即市内通信电缆、长途对称电缆、同轴电缆、海底电缆、光纤电缆和射频电缆。

3.1.2 常用导线的颜色

GB/T 50258—2018 规定：交流三相电路的 U 相用黄色表示，V 相用绿色表示，W 相用红色表示，零线或中性线用淡蓝色表示，安全用电的接地线用黄绿双色表示；直流电路的正极接地线用淡蓝色表示；整个装置及设备的内部布线一般用黑色，半导体电路则用白色。

3.1.3 常用导线的安全载流量

某截面的导线在不超过最高工作温度条件下，允许长期通过的最大电流就是该导线的安全载流量。常用绝缘导线的安全载流量见表 3-1。

表 3-1　常用绝缘导线的安全载流量

导线种类及截面积/mm²	安全载流量/A	允许接用负荷(220V)/W
2.5（铝线）	12	2400
4.0（铝线）	19	3800
6.0（铝线）	27	5400
10（铝线）	46	9200
1.5（铜线）	10	2000
2.0（铜线）	12.5	2500
2.5（铜线）	15	3000
4.0（铜线）	25	7000
6.0（铜线）	35	10740
9.0（铜线）	54	12000
10（铜线）	60	13500
0.41（软铜线）	2	400
0.67（软铜线）	3	600
1.16（软铜线）	5	1000
2.03（软铜线）	10	2000

3.1.4 常用导线的选择原则

在安装电气配电设备时，经常遇到导线的选择问题。正确选择导线是一项十分重要的工作，如果导线的截面积选小了，电器负载大，易造成电器火灾；如果截面积选大了，则造成成本高，材料浪费。

选择导线必须满足下面 4 个原则：

1) 近距离和小负荷按发热条件选择导线截面（安全载流量），截面积越小，散热越好，单位面积内通过的电流越大。导线在通过计算的电流时所产生的热量造成的温升，不应超过其允许的最高温度。

2）远距离和中等负荷在安全载流量的基础上，按电压损失条件选择导线截面积，远距离和中等负荷仅仅不发热是不够的，还要考虑电压损失，要保证到负荷点的电压在合格范围内，电气设备才能正常工作。

3）大挡距和小负荷还要根据导线受力情况，考虑机械强度问题，要保证导线能承受拉力。

4）大负荷在安全载流量和电压降合格的基础上，按经济电流密度选择，即还要考虑电能损失，电能损失和资金投入要在合理范围内。

3.2 常用导线的连接方法

通过本节的学习，了解常用导线的各种连接方式，熟练掌握单股铜芯导线的连接，了解多股导线的连接方式。

3.2.1 导线绝缘层的剖削

绝缘导线连接前，必须把导线端的绝缘层剥去，剖削的长度依接头方法和导线截面的不同而不同，导线绝缘层的剖削通常有单层削法、分段削法和斜削法三种，如图3-1所示。下面具体介绍几种常用导线绝缘层的剖削方法。

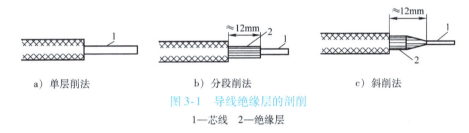

a）单层削法　　　b）分段削法　　　c）斜削法

图3-1　导线绝缘层的剖削
1—芯线　2—绝缘层

1. 塑料硬导线绝缘层的剖削

（1）截面积为4mm^{2}及以下塑料硬导线绝缘层　一般用钢丝钳来剖削，方法如下：

1）用左手捏住导线，根据所需线头长度用钢丝钳的钳口切割绝缘层，此时用力要轻，不可切入芯线。

2）用右手握住钢丝钳头部用力向外移，除去塑料绝缘层。

3）剖削出的芯线应保持完整无损，若芯线损伤较大，则应剪去线头，重新剖削，如图3-2所示。

（2）截面积为4mm^{2}以上塑料硬导线绝缘层　可用电工刀剖削，如图3-3所示，其操作步骤如下：

1）根据所需线头长度，用电工刀以45°倾斜切入塑料绝缘层，注意应使刀口刚好削透绝缘层而不伤及芯线。

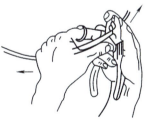

图3-2　用钢丝钳剖削导线绝缘层

2）使刀面与芯线间的角度保持在15°左右，用力向外削出一条缺口。

3）将被剖开的绝缘层向后扳翻，用电工刀齐根切去。

2. 塑料软导线绝缘层的剖削

塑料软导线绝缘层只能用剥线钳或钢丝钳剖削（剖削方法同塑料硬线），不可用电工刀剖削，否则易剖伤线芯。

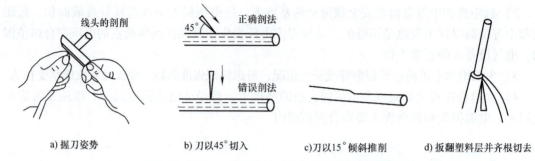

图 3-3　用电工刀剖削 4mm² 以上塑料硬导线绝缘层

3. 塑料护套线绝缘层的剖削

塑料护套线只允许端头连接，不允许进行中间连接。其绝缘层由公共护套层和每根芯线的绝缘层两部分组成，公共护套层只能用电工刀来剖削，塑料护套线绝缘层的剖削如图 3-4 所示，具体操作方法如下：

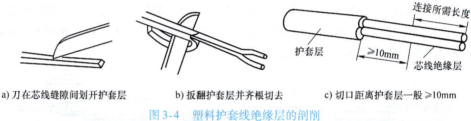

图 3-4　塑料护套线绝缘层的剖削

1）按所需线头长度用电工刀刀尖对准芯线缝隙划开护套层。

2）向后扳翻护套层，用电工刀齐根切去。

3）切口相距护套层长度要根据实际情况确定，一般 ≥10mm，用钢丝钳或电工刀按剖削塑料硬线绝缘层的方法，分别剥除每根芯线的绝缘层。

4. 橡皮线绝缘层的剖削

橡皮线绝缘层外面有柔韧的纤维纺织层，其剖削方法如下：

1）按剖削护套线护套层的方法，用电工刀刀尖划开纺织保护层，并将其向后扳翻再齐根切去。

2）按剖削护套线绝缘层的方法削去橡胶层。

3）将棉纱层散开到根部，用电工刀齐根切去。

5. 花线绝缘层的剖削

花线绝缘层分外层和内层，外层是柔韧的棉纱纺织物保护层，内层是橡胶绝缘层和棉纱层，花线绝缘层的剖削如图 3-5 所示。

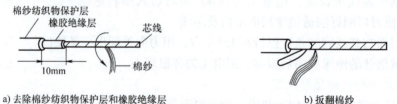

图 3-5　花线绝缘层的剖削

1）在所需线头长度处用电工刀在棉纱纺织物保护层四周切割一圈，拉去棉纱纺织物。

2）在距棉纱纺织物保护层 10mm 处，可用钢丝钳按塑料软导线绝缘层的方法剥除橡胶绝缘层（不可损伤芯线）。将露出的棉纱层松开扳翻，用电工刀割断。

6. 铅包线绝缘层的剖削

铅包线绝缘层分外部铅包层和内部芯线绝缘层，其剖削方法和步骤如下：

1）先用电工刀围绕铅包层切割一圈，如图 3-6a 所示。

2）用双手来回扳动切口处，将铅包层沿切口折断，即可拉出铅包层，如图 3-6b 所示。

3）铅包层内部绝缘层的剖削与塑料硬线绝缘层的剖削方法相同，如图 3-6c 所示。

a) 剖切铅包层　　　　b) 折断并拉出铅包层　　　　c) 剖削内部绝缘层

图 3-6　铅包线绝缘层的剖削

7. 橡套软线（橡套电缆）绝缘层的剖削

橡套软线外包较厚的护套层，内部每根芯线上又包有各自的橡皮绝缘层。外护套层可用电工刀按切除塑料护套层的方法剥除，露出的多股芯线绝缘层，可用钢丝钳剥除。

8. 漆包线绝缘层的剖削

漆包线绝缘层是绝缘漆喷涂在芯线上而形成的。对不同线径的漆包线，其绝缘层的去除方法也不同。直径在 1.0mm 以上的，可用专用刮线刀刮去。直径在 0.6mm 以下的，可用细砂纸或刀片小心擦除或刮去。因线径较细，操作时应细心，注意不要折断。有时为了保持漆包线线芯直径的准确，也可用微火烧焦线头绝缘漆层，再将漆层轻轻刮去（不可用大火，以免芯线变形或烧断）。

3.2.2　导线的连接方法

1. 单股铜芯导线的连接

（1）单股铜芯导线的直线连接（铰接法）　铰接法用于截面较小的导线，利用铰接法对截面积为 6mm² 以下的单股铜芯导线进行直线连接，可按图 3-7 所示方法进行，其操作步骤如下：

单股导线的
直线连接

1）将两线头用电工刀剥去绝缘层，露出 10~15cm 裸线头。

2）将导线两裸线头 X 形交叉，互相绞绕 2~3 圈。

3）扳直两线自由端头，将每根线头在对边线芯上密绕 6~8 圈，缠绕长度不小于导线直径的 10 倍。

4）将多余线头剪去，修平线芯末端毛刺。

（2）单股铜芯导线的缠绕法　缠绕法用于截面较大的导线，可按图 3-8 所示方法进行，其操作步骤如下：

1）将已去除绝缘层和氧化层的线头相对交叠，在两导线的芯线交叠处填入一根相同直径的芯线。

2）用一根截面积约为 1.5mm² 的裸铜线在其上紧密缠绕，缠绕长度为导线直径的 10 倍左右。

3）将被连接导线的芯线线头分别折回，再将两端的缠绕裸铜线继续缠绕 5~6 圈。

4）将多余部分剪去，修平线芯末端毛刺。

（3）不同截面单股铜芯导线的连接

1）去除两待接线头的绝缘层和氧化层。

2）将细导线的芯线在粗导线的芯线上紧密缠绕 5~6 圈，然后将粗导线芯线的线头折回紧压在缠绕层上，再用细导线芯线在其上继续缠绕 3~4 圈。

3）剪去多余线头，修平线芯末端毛刺。

不同截面单股铜芯导线的连接如图 3-9 所示。

（4）单股铜芯导线的 T 形分支连接　单股铜芯导线 T 形连接仍可用铰接法和缠绕法。铰接法是先将除去绝缘层和氧化层的线头与干线剖削处的芯线十字相交，注意在支路芯线根部留出 3~5mm 裸线。

1）如果导线直径较小，可按图 3-10a 所示方法绕成结状，再把支路芯线线头拉紧扳直，紧密地缠绕 6~8 圈后，剪去多余芯线，并钳平毛刺。

2）如果导线直径较大，先将支路芯线的线头与干线芯线做十字相交，使支路芯线根部留出 3~5mm，然后缠绕支路芯线，缠绕 6~8 圈后，用钢丝钳切去多余芯线，并钳平芯线末端，如图 3-10b 所示。

单股导线的直线连接（缠绕法）

不同截面积导线的连接

单股导线的 T 型连接（铰接法）

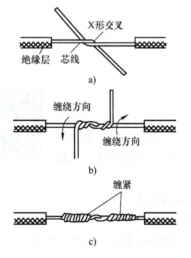

图 3-7　单股铜芯导线的直线连接

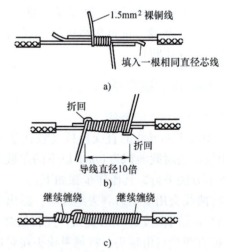

图 3-8　大截面单股铜芯导线的连接

为保证接头部位有良好的电接触和足够的机械长度，应保证缠绕长度为芯线直径的 8~10 倍。

对用铰接法连接较困难的截面较大的导线，可用缠绕法。其具体方法与单股铜芯导线连接的缠绕法相同，如图 3-11 所示。

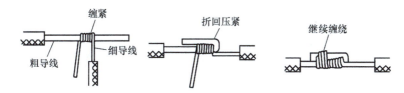

图 3-9　不同截面单股铜芯导线的连接

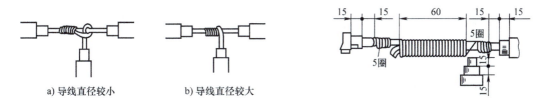

图 3-10　单股铜芯导线的 T 形连接（铰接法）　　　图 3-11　单股铜芯导线的 T 形连接（缠绕法）

2. 七股铜芯导线的直线连接

1）先将两待接线头进行整形处理，用钢丝钳将其根部的 1/3 部分铰紧，其余 2/3 呈伞状，如图 3-12a 所示。

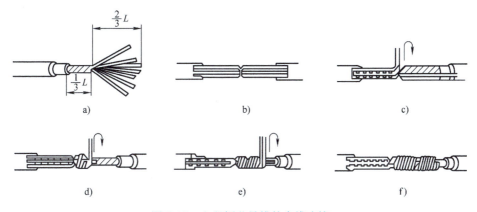

图 3-12　七股铜芯导线的直线连接

2）再将两芯线线头隔股对叉，叉紧后将每股芯线捏平，如图 3-12b 所示。

3）然后将一端的七股芯线线头按 2、2、3 分组，将第一组 2 股垂直于线芯扳起，按顺时针方向紧绕两圈后扳成直角，如图 3-12c 所示。

4）再将第二组芯线紧贴第一组芯线直角的根部扳起，按第一组的方法缠绕两圈后再扳成直角，如图 3-12d 所示。

5）第三组 3 根芯线缠绕方法如前，但应绕 3 圈，如图 3-12e 所示，在绕到第 2 圈时剪去两组芯线的多余部分，同时将第三组芯线再留 1 圈长度，使第三组芯线刚好能缠满 3 圈，如图 3-12f 所示，另一端接法相同。

3. 七股铜芯导线的 T 形连接

1）把除去绝缘层和氧化层的支路线端分散拉直，在距根部 1/8 处将其进一步铰紧，其余芯线分成 4 股和 3 股两组。接着用一字形螺钉旋具把干路芯线也分成 3 股、4 股两组，并在分出的中缝处撬开一定距离，将支路中 4 股一组的芯线穿过干路芯线的中缝，另一组排于干路芯线的前面，如图 3-13a 所示。

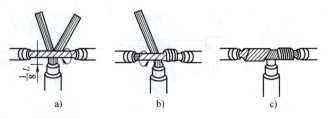

图 3-13　七股铜芯导线的 T 形连接

2) 把 3 股芯线的一组在干路芯线右边按顺时针方向紧密缠绕 3~4 圈，钳平线端，如图 3-13b 所示。

3) 接着将支路芯线穿过干路芯线的一组在干路芯线上按逆时针方向缠绕 3~4 圈，剪去多余线头，钳平毛刺即可，如图 3-13c 所示。

4. 十九股铜芯导线的直线连接和 T 形连接

十九股铜芯导线的连接与七股铜芯导线连接方法基本相同。在直线连接中，由于芯线股数较多，可剪去中间的几股，按要求在根部留出一定长度铰紧，隔股对叉，分组缠绕。在 T 形连接中，支路芯线按 9 和 10 的根数分成两组，将其中一组穿过干路芯线中缝后，沿干路芯线两边缠绕。为保证有良好的电接触和足够的机械强度，对这类多股芯线的接头，通常都进行钎焊处理。

5. 铜芯导线接头处的锡焊处理

（1）电烙铁锡焊　如果铜芯导线截面积不大于 $10mm^2$，则其接头处可用 150W 电烙铁进行锡焊。可以先将接头上涂一层无酸焊锡膏，待电烙铁加热后，再进行锡焊即可。

（2）浇焊　对于截面积大于 $16mm^2$ 的铜芯导线接头，常采用浇焊法，如图 3-14 所示。首先将焊锡放在化锡锅内，用喷灯或电炉使其熔化，待表面呈磷黄色时，说明焊锡已经达到高热状态，然后将涂有无酸焊锡膏的导线接头放在锡锅上面，再用勺盛上熔化的锡，从接头上面浇下，因为起初接头较凉，锡在接头上不会有很好的流动性，所以应持续浇下去，使接头处温度提高，直到全部缝隙焊满为止，最后用抹布擦去焊渣即可。

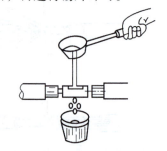

图 3-14　铜芯导线接头的浇焊

6. 线头与接线桩（接线端子）的连接

通常各种电气设备、电气装置和电器用具均设有供连接导线用的接线端子，常见的接线桩有针孔接线桩、平压式接线桩和瓦形接线桩。

（1）线头与针孔接线桩的连接　端子板、某些熔断器、电工仪表等的接线部位多是利用针孔接线桩附有压接螺钉压住线头完成连接的。若线路容量较小，可用一只螺钉压接；若线路容量较大或接头要求较高时，应采用两只螺钉压接。

在针孔接线桩头上连接单股芯线时，如果单股芯线与接线桩头插线孔大小合适，只需将芯线插入孔内，旋紧螺钉即可，如图 3-15 所示。若线芯较细，则需将芯线折成双股并排插入孔内。

在针孔接线桩上连接多股芯线时，先用钢丝钳将多股芯线进一步铰紧，以保证压接螺钉顶压时不致松散。针孔和线头的大小应尽可能

图 3-15　单股芯线与针孔接线桩压接法

配合，如图 3-16a 所示。如果针孔过大，则可选用一根直径大小相宜的铝导线做绑扎线，在已绞紧的线头上紧密缠绕一层，使线头大小与针孔合适后再进行压接，如图 3-16b 所示。如线头过大，插不进针孔时，可将线头散开，适量剪去中间几股，通常 7 股可剪去 1~2 股，19 股可剪去 1~7 股。然后将线头铰紧，进行压接，如图 3-16c 所示。无论是单股或多股芯线的线头，在插入针孔时，一是要插到底；二是不得使绝缘层进入针孔，针孔外的裸线头长度不得超过 3mm。

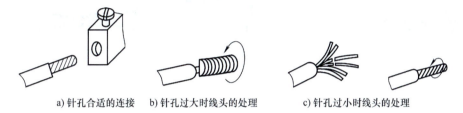

a) 针孔合适的连接　　b) 针孔过大时线头的处理　　c) 针孔过小时线头的处理

图 3-16　多股芯线与针孔接线桩的连接

（2）线头与平压式接线桩的连接　单股芯线（包括铝芯线）与螺钉平压式接线桩是利用半圆头、圆柱头或六角螺钉加垫圈将线头压紧，完成电路连接。对载流量小的单股芯线，先将线头弯成接线圈，如图 3-17 所示，再用螺钉压接。

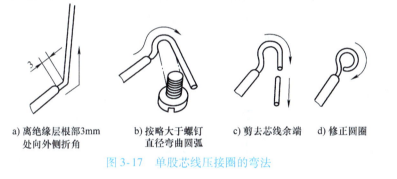

a) 离绝缘层根部 3mm　　b) 按略大于螺钉　　c) 剪去芯线余端　　d) 修正圆圈
　　处向外侧折角　　　　　直径弯曲圆弧

图 3-17　单股芯线压接圈的弯法

圆环的弯折

对于横截面不超过 10mm^2、股数为 7 股及以下的多股芯线，应按图 3-18 所示的步骤将线头弯成接线圈，方法如下：

1）把绝缘层根部 1/2 长度的芯线重新绞紧，如图 3-18a 所示。

2）铰紧部分的芯线在距绝缘层根部 1/3 向左外折角，然后弯成圆弧，如图 3-18b 所示。

3）当圆弧弯曲至将成圆圈（剩下 1/4）时，将余下的芯线向外折角使其成圆，捏平余下线端，使两股芯线平行，如图 3-18c 所示。

4）将拉直的 2 根线头一起按顺时针方向绕两圈，然后和芯线并在一起，从折点再取出 2 根芯线线头拉直，如图 3-18d 所示。

5）将取出的 2 根芯线按顺时针方向绕两圈，然后与芯线并在一起，最后取出余下的 3 根芯线也按顺时针方向绕两圈，剪去多余芯线，如图 3-18e 所示。

对于载流量较大、横截面积超过 10mm^2、股数多于 7 股的导线端头，应安装接线耳，以便于与平压式接线桩连接。压接圈与接线耳连接的工艺要求是：压接圈的弯曲方向应与螺钉拧紧方向一致，连接前应清除压接圈、接线耳和垫圈上的氧化层及污物，再将压接圈或接线耳压在垫圈下面，用适当的力矩将螺钉拧紧，以保证良好的电接触。压接时注意不得将导线

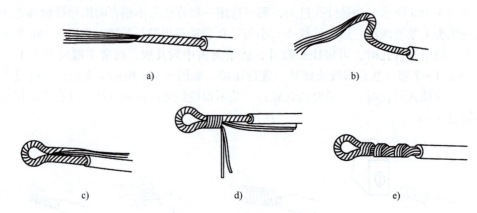

图 3-18　7 股芯线压接圈弯法

绝缘层压入垫圈内。

软导线线头的连接也可用平压式接线桩，软导线线头的连接如图 3-19 所示，其工艺要求与上述多股芯线的压接相同。

（3）线头与瓦形接线桩的连接　瓦形接线桩的垫圈为瓦形。压接时为了使线头不从瓦形接线桩内滑出，压接前应先将已去除氧化层和污物的线头弯曲成 U 形，如图 3-20a 所示，再卡入瓦形接线桩压接。如果在接线桩上有两个线头连接，应将弯成 U 形的两个线头相重合，再卡入接线桩瓦形垫圈下方压紧，如图 3-20b 所示。

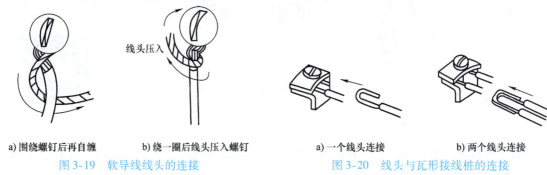

图 3-19　软导线线头的连接　　　　　　图 3-20　线头与瓦形接线桩的连接

3.2.3　导线绝缘层的恢复

导线绝缘层破损和导线接头连接完工后均应恢复绝缘层，且恢复后的绝缘强度一般不应低于原有绝缘层，方能保证用电安全。电力线上导线绝缘层通常用包缠法进行恢复，常用黄蜡带、涤纶薄膜和黑胶带三种材料。其中黄蜡带和黑胶带选用规格为 20mm 宽比较适宜。

1. 直线连接绝缘层的恢复

直线连接绝缘层的绝缘恢复方法是先包缠一层黄蜡带，再包缠一层黑胶带，具体步骤如下：

直线连接绝缘层恢复

1) 将黄蜡带从导线左边完整的绝缘层上开始包缠，包缠两个带宽后进入连接处的芯线部分。包至连接处的另一端时，也同样应包入完整的绝缘层上两个带宽的距离，如图 3-21a

所示。

2）包缠时黄蜡带应与导线成55°左右倾斜角，每圈压叠带宽的1/2，如图3-22b所示。

3）包缠一层黄蜡带后，将黑胶带接在黄蜡带的尾端，按另一斜叠方向包缠一层黑胶带，也要每圈压叠带宽的1/2，如图3-21c和d所示。

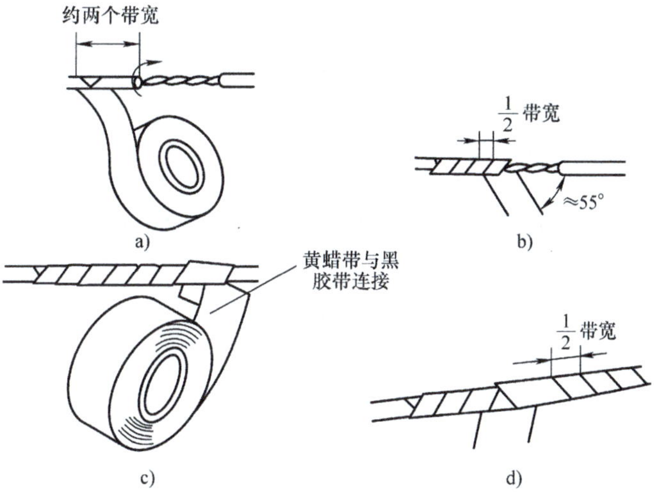

2. T形连接绝缘层的恢复

1）先将黄蜡带从接头左端开始包缠，每圈叠压带宽的1/2，如图3-22a所示。

2）缠绕至支线时，用左手拇指顶住左侧直角处的带面，使它紧贴于转角处线芯，而且要使处于接头顶部的带面尽量向右斜压，如图3-22b所示。

3）当围绕到右侧转角处时，用手指顶住右侧直角处的带面，将带面在干线顶部向左侧斜压，使其与被压在下边的带面成X形交叉，然后再把带面回绕到左侧转角处，如图3-22c所示。

4）将黄蜡带从接头交叉处开始在支线上向下包缠，并使黄蜡带向右侧倾斜，如图3-22d所示。

5）在支线上绕至绝缘层上约两个带宽时，黄蜡带折回向上包缠，并使黄蜡带向左倾斜，绕至接头交叉处，使黄蜡带围绕过干线顶部，然后开始在干线右侧芯线上包缠，如图3-22e所示。

6）包缠至干线右侧绝缘层两个带宽后，再接上黑胶带，按上述方法包缠一层即可，如图3-22f所示。

图3-21 直线连接绝缘层的恢复

T形连接绝缘层恢复

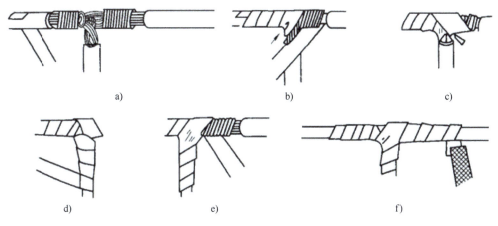

图3-22 T形连接绝缘层的恢复

3. 注意事项

1）恢复 380V 电路绝缘层时，先包缠 1~2 层黄蜡带（或涤纶薄膜带），再包缠一层黑胶带。

2）恢复 220V 电路绝缘层时，先包缠 1 层黄蜡带（或涤纶薄膜带），然后再包缠一层黑胶带，也可只包缠两层黑胶带。

3）包缠绝缘带时，不可过松或过疏，更不允许露出芯线，以免发生短路或触电事故。

4）绝缘带不可被油脂浸染，其存放处温度或湿度不能很高。

3.3　常用导线连接训练

3.3.1　实施过程

1. 教师讲解示范

1）指导教师通过视频或示范讲解各种导线绝缘层的剖削方法。

2）指导教师示范操作单股和七股导线的直线连接和 T 形连接及其绝缘层的恢复。

3）指导教师示范讲解导线线头与接线端子的连接方法。

2. 学生操作

根据教师提出的规范要求，让学生 2~3 人为一小组进行讨论学习，练习单股、七股导线绝缘层的剖削、导线连接以及绝缘层的恢复，了解其他相关知识。

3.3.2　考核与评价

考核学生的知识接受能力、安全规范操作的职业能力等，具体检查内容如下：

1）是否穿戴防护用品。

2）使用的电工刀、剥线钳是否符合使用要求，方法是否正确。

3）在操作过程中是否按操作规程进行操作。

4）各小组之间互相评价导线连接情况、绝缘层恢复情况，针对不足，反复练习直至符合标准。

5）教师对各组的导线连接、绝缘恢复情况进行考核和点评，以达到不断优化的目的。考核要求及评分标准见表 3-2。

表 3-2　考核要求及评分标准

项　目	考核内容及评分标准	配　分	扣　分	得　分
导线绝缘层的剖削	1. 不按规范剖削导线绝缘层，扣 5 分 2. 剖削后裸露线芯长度不符合要求，扣 5 分 3. 剖削后损伤线芯，扣 5 分	15 分		
导线的直线连接	1. 芯线交叉点缝隙过大，扣 5 分 2. 芯线在对边芯线上缠绕不紧密，扣 15 分 3. 末端毛刺不修整，扣 5 分	25 分		
导线的 T 形连接	1. 支路芯线在干路芯线上缠绕不紧密，扣 20 分 2. 末端毛刺不修整，扣 5 分	25 分		

(续)

项 目	考核内容及评分标准	配 分	扣 分	得 分
导线绝缘层的恢复	1. 绝缘材料包缠位置不符合规范，扣 5 分 2. 绝缘材料包缠角度不符合规范，扣 10 分 3. 绝缘材料包缠层数不符合规范，扣 5 分	20 分		
导线与接线桩的连接	1. 剖削后芯线长度不符合要求，扣 5 分 2. 芯线形状不规范，扣 5 分 3. 导线与接线桩连接不紧固，扣 5 分	15 分		
合 计		100 分		
备 注	根据实际操作的时间、效果进行综合评价			

3.4 思考与练习

1. 怎样剖削塑料硬线与塑料软线的绝缘层？
2. 简述单股铜芯导线直线连接的动作要领？
3. 导线与线桩的连接方式有哪些？
4. 简述如何恢复 T 形导线连接的绝缘层。
5. 恢复绝缘层时要注意哪些？

问题探讨：细节决定成败，一个看似小小的电路虚接就可能导致非常严重的后果。请查阅资料，了解电路虚接造成的危害。结合本章内容谈谈如何防止电气事故的发生。

第 4 章

电能计量电路与室内照明电路的配线

室内照明是将电能转化为光能，在室内采光不足的情况下提供明亮的环境，以满足生产、学习和生活的需要，同时还能起到一定的装饰效果。本章分析了单相电能表、三相电能表和荧光灯的结构和工作原理，在掌握常用导线连接方法的基础上，掌握典型室内照明电路的配线方法和电路检修方法，以满足室内照明线路的技术要求。

4.1 单相电能表的工作原理

通过本节内容的学习，了解电能表的各种类型和铭牌标志含义，熟悉电能表的选用原则及安装要求，掌握单相有功电能表的工作原理和接线。

4.1.1 电能表的类型

电能表又叫电度表、积算仪表、火表，是用来测量某一段时间内所消耗电能的仪表。为满足不同的电能测量需要，有多种类型的电能表，其类别可按不同情况划分如下：

1）根据接入电源的性质，分为交流电能表和直流电能表。由于测量电路的不同，交流电能表通常又分为单相电能表、三相三线电能表和三相四线电能表。

2）按结构及工作原理，分为电气机械式电能表和电子式电能表。电气机械式电能表通常作为普通的电能测量仪表用于交流电路，可细分为感应型、电动型和磁电型，其中最常用的是感应型电能表。电子式电能表又可分为全电子式电能表和机电式电能表。

3）按准确度等级，分为安装式普通级电能表和携带式精密级电能表。

普通级：0.2S，0.2，0.5S，0.5，1.0，2.0，3.0 级，用于测量电能。

精密级：0.01，0.02，0.05，0.1，0.2 级，主要作为校验普通级电能表的校验基准。

4）按用途可分为：

① 有功电能表：用于测量有功电量。

② 无功电能表：用来计量发、供、用电的无功电能。

③ 最大需量表：是一种既积算用户耗电量的数量，还指示用户在一个电费结算周期中，指定时间间隔内平均最大功率的电能表。

④ 复费率电能表：是按指定时段分别按要求计量各时段的用电量及总用电量的电能表。

⑤ 多功能电能表：除了计量有功（无功）电能外，还具有分时、测量需量等两种以上功能，并能显示、储存和输出数据的电能表。

5）按平均寿命的长短，单相感应式电能表又分为普通型和长寿命技术电能表。

4.1.2 电能表的铭牌标志

电能表的铭牌上通常标注：名称、型号、准确度等级、电能计算单位、标定电流和额定最大电流、额定电压、电能表常数、频率、制造厂名称或商标、工厂制造年份和厂内编号、电能表产品生产许可证的标记和编号（计度器显示数的整数位与小数位的窗口应有不同的颜色，在它们之间应有区分的小数点）、使用条件和包装运输条件分组的代号（将代号置于一个三角形内）。

1）电能表型号和名称一般按下列格式表示：

类别代号+组别代号+用途代号+设计序号+改进号+派生号

注：在标注电能表型号时，不一定包括所有代号。

类别代号：D—电能表。

组别代号：D—单相、S—三相三线有功、T—三相四线有功、X—三相无功、B—标准。

用途代号：Z—最大需量、A—安培小时计、F—复费率、H—总耗、L—长寿命、S—全电子式、Y—预付费、D—多功能、M—脉冲、J—直流。

设计序号：用小写的阿拉伯数字表示。设计序号后面横线引出的数字表示电能表标定电流的最大允许过载倍数。

改进号：用小写的汉语拼音字母表示。

派生号：T—湿热和干燥两用；TH—湿热带用；TA—干热带用；G—高原用；H——般用；F—化工防腐用；K—开关板式（背面有接线柱）；J—带接收器的脉冲电能表。

例如：DD862型电能表的型号含义为设计序号为862的单相电能表；DT864-4型电能表的型号含义为设计序号为864的三相四线有功电能表，额定最大电流为基本电流的4倍；DDY12型电能表的型号含义为设计序号为12的单相预付费电能表等。

2）准确度等级：用置于圆圈内的阿拉伯数字来表示。例如1.0表示电能表的准确度为1.0级，该准确度等级的基本误差不大于1%。

3）电能计量单位：有功电能表为"千瓦·小时"（kW·h），无功电能表为"千乏·小时"（kvar·h），电子表为脉冲常数（imp/kW·h）。

4）标定电流和额定最大电流：如5（20）A、10（40）A。

5）电能表常数：以每千瓦小时圆盘的转数或脉冲数表示：如800R/kW·h（或kvar·h）、4000 imp/kW·h。

6）计度器的小数点位一般用红色或白色区分，并标有×0.1或×10^{-1}。

7）计数器倍率：通常标注在读数窗口的下方，电能表所显示的数值应乘此倍率才是用户实际使用的电量。一般只有指针式计数器的电能表需要标示，如果电能表倍率未标注，则说明计数器的倍率为1。

8）铭牌上的其他符号：

△B2 表示电能表对现场工作条件的要求，耐受环境条件的组别一般分为P、S、A、B四组，该图形表示B2组。

◇止逆 表示表内具有止逆装置。

⟨双向⟩ 表示该表具有双向计度功能，一般用来计量感性和容性负荷的无功电能。

Ⓜ️ 计量器具制造许可标志。

4.1.3 电能表的选择

1) 电能表的额定容量应根据用户负荷来选择，一般负荷电流的上限不得超过电能表的额定电流，下限不能低于电能表允许误差范围以内规定的负荷电流。

2) 应使用电负荷在电能表额定电流的 10%～120% 之内，必须根据负荷电流和电压数值来选择合适的电能表，使电能表的额定电压、额定电流等于或大于负荷的电压和电流。一般情况下可按表 4-1 选择。

表 4-1　电能表选择

电能表容量（电流/A）	功率/W（接单相电 220V 时）	功率/W（接三相电 380V 时）
1.5(6)	<1500	<4700
2.5(10)	<2600	<6500
5(30)	<7900	<23600
10(60)	<15800	<47300
20(80)	<21000	<63100

3) 要满足准确度的要求。

4) 要根据负荷的种类，确定选用的类型。

4.1.4 电能表的安装要求

1) 电能表应安装在干燥、整洁、通风、光线良好的场所，周围应无碱、酸等有害气体。

2) 装表地点的温度应在 0～40℃。与热力设备距离不得小于 0.5m，一般不得装在室外。

3) 在易受机械损伤和容易弄脏的场所，以及外人容易触碰的场所，电能表应装在封印的密闭小柜内，在小柜正面开窗，以便读数。小柜的结构尺寸大小应能保证从电能表上连接导线。

4) 电能表安装地点的环境温度和环境湿度应符合技术要求。

5) 电能表应垂直安装，偏差不超过 2°。当几只表装在一起时，表间距离不应小于 60mm。

6) 电能表应安装在不易受振动的墙上或开关板上，离地面高度符合要求：对计量屏（柜），应使电能表中心水平线距地在 0.6～1.85m；对表板，宜在 1.9～2.0m。

7) 装在绝缘板、木板上的电能表，应可靠接地；在多雷区，应采用防雷保护。

4.1.5 单相有功电能表的工作原理

单相有功电能表简称单相电能表，又名火表，它的规格多用其工作电流表示，常用的有 1A、2A、3A、4A、5A、10A、20A 等，它是累计记录用户一段时间内消耗电能多少的仪表。单相电能表的外形及内部结构示意图如图 4-1 所示。

电能表由电流元件、电压元件、永久磁铁、铝制转盘、转轴和蜗轮蜗杆传动机构等部分组成。电磁铁的一个线圈匝数多、线径小，与电路的用电器并联，称为电压元件。另一个线圈匝数少、线径大，与电路的用电器串联，叫作电流元件。只要电流元件通过电流，同时电压元件加有电压，线圈的铁心中产生交变磁通，交变磁通穿过铝盘，在铝制转盘上感应出涡流,涡流与交变磁通互相作用产生电磁力,铝盘在磁场力作用下旋转。而制动永磁铁与转动的铝盘相互作用产生制动力矩,当转动力矩与制动力矩达到平衡时,铝制圆盘以稳定的速度转动。负载所消耗电能与铝盘的转数正比,铝盘转动时,带动转轴和蜗轮蜗杆传动机构动作,从而把所消耗的电能在电能表的面板上显示出读数。电路中负载越重,电流越大,铝盘旋转越快,单位时间内读数越大。

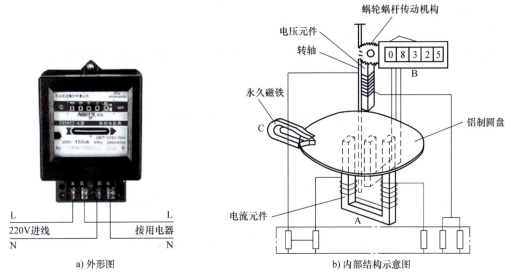

a) 外形图　　　　　　　　　　b) 内部结构示意图

图 4-1　单相电能表的外形及内部结构示意图

单相电能表用来测量单相电路(如照明电路)所消耗的电能;三相用电时,可选用三相电能表或三只单相电能表。

4.1.6　单相有功电能表的接线

电能表的接线端子比较多,容易接错。在接线前认真查看附表说明书,根据说明书的接线图和要求,把进线和出线依次对号接在电能表的接线端子上。单相电能表共有 5 个接线端子,其中有两个端子在表的内部用连片短接,所以,单相电能表的外接端子只有 4 个,即1、2、3、4 号端子。由于电能表的型号不同,各类型的表在接线端子盖内都有 4 个端子的接线图。

单相有功电能表的接线有直接接入和经互感器接入两种方法。

1. 直接接入法

如果负载的功率在电能表允许的范围内,即流过电能表电流线圈的电流不至于导致线圈烧毁,可以采用直接接入法。直接将电能表连接在单相电路中,对单相负载消耗的电能进行测量,这种接线方式称为直入式接线。单相有功电能表直入式接线一般分为跳入式和顺入式两种类型。

(1) 单相有功电能表跳入式接线　单相有功电能表跳入式接线如图 4-2 所示。接线特点:电能表的 1、3 号端子为电源进线;2、4 号端子为电源的出线,并且与开关、熔断器、负载连接。

注:"1"为相线进线端,"3"为零线进线端。

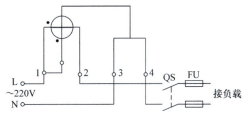

图 4-2　单相有功电能表跳入式接线

（2）单相有功电能表顺入式接线　单相有功电能表顺入式接线如图 4-3 所示。接线特点：电能表的 1、2 号端子为电源进线，3、4 号端子为电源的出线，并且与开关、熔断器、负载连接。

无论何种接法，相线必须接入电能表的电流线圈的端子。由于有些电能表的接线方法特殊，在具体接线时，应参照接线端子盖板上的接线图。对直接接入法，负载所消耗的单相电能可以直接通过电能表读出。

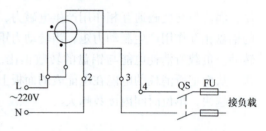

图 4-3　单相有功电能表顺入式接线

2. 经互感器接入法

在用单相电能表测量大电流的单相电路的用电量时，应使用电流互感器进行电流变换，电流互感器接电能表的电流线圈。接法有两种：

1）单相电能表内 1 和 5 端未断开时的接法，如图 4-4 所示。

由于表内短接片没有断开，所以互感器的 K2 端子禁止接地。L1、L2 分别为电流互感器一次侧的首端和尾端，K1、K2 分别为电流互感器二次侧的首端和尾端，不要接错，防止电能表反转。

2）单相电能表内 1 和 5 端短接片已断开时的接法，如图 4-5 所示。

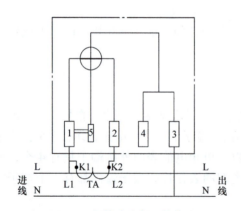

图 4-4　短接片未断开的接法

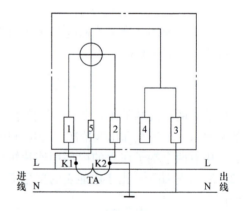

图 4-5　短接片断开的接法

由于表内短接片已断开，所以互感器的 K2 端子应该接地。同时，电压线圈应该接于电源两端。

4.2　室内照明电路的配线

通过本节内容的学习，了解室内布线基本知识；熟悉荧光灯的内部结构和工作原理，会根据荧光灯的故障现象，分析故障产生原因与检修方法；熟练掌握室内照明电路（含电能计量部分）的配线，学会借助仪表检查、排除简单的电路故障。

4.2.1 室内布线的基本知识

1. 室内配线的类型

室内配线方式分为明线敷设和暗线敷设两种。

明线敷设：导线沿墙壁、天花板、梁及柱子等布线。

暗线敷设：导线穿管埋设在墙内、地坪内或装设在顶棚里。

2. 室内配线的基本要求

室内配线应使电能传送安全可靠，线路布局力求合理、整齐美观、安装牢固，其基本要求主要包括以下几方面：

1）所用导线的额定电压大于线路的工作电压；导线的绝缘状况应符合线路安装方式和环境敷设条件；导线的截面积应满足安全载流量和机械强度的要求。

2）布线时尽量避免导线接头。若需接头时，应设接线盒，并采用压接或焊接方式。穿在管内敷设的导线不准有接头。

3）明线敷设时布线应水平或垂直，配线位置应便于检查和维护。

4）绝缘导线穿过楼板时，应用钢管或硬塑料管加以保护。

5）室内电气管线和配电设备与其他管道、设备间的最小距离要符合相关国家标准。

6）导线交叉时，应在每根导线上加装绝缘套管，以避免相互碰触。

7）导线与接线端子的连接要紧密压实，力求减少接触电阻并防止脱落。

8）导线连接和分支处不应受到机械力的作用。

9）为防止剩余电流，线路的对地电阻不应小于 0.5MΩ。

3. 室内配线的工艺步骤

1）按施工图设计要求，确定灯具、插座、开关及配电箱等设备的位置。

2）勘察建筑物情况，确定导线敷设的路径、穿越墙壁或楼板的位置。

3）配合土建施工，预埋好线管或布线固定材料、接线盒（包括插座盒、开关盒、灯座盒）及木砖等预埋件。

4）装设绝缘支撑物、线夹或管卡。

5）进行导线敷设，导线连接、分支或封端。

6）完成灯座、插座、开关及用电设备的接线。

7）绝缘测量及通电试验，全面验收。

4. 室内配线方法

（1）瓷瓶配线方法　瓷瓶配线是利用瓷瓶支持导线，适用于用电量较大且比较潮湿的场所。一般有鼓形瓷瓶、蝶形瓷瓶、针式瓷瓶和悬式瓷瓶等。配线步骤如下：

1）定位。

2）划线。

3）凿眼。

4）安装木榫或埋设缠有铁丝的木螺钉。

5）埋设穿墙瓷管或过楼板钢管。

6）固定瓷瓶。

7）敷设导线。

(2) 塑料护套线配线方法　塑料护套线是具有塑料保护层的绝缘导线，它防潮、耐酸、耐腐蚀、安装方便，造价低。配线步骤如下：

1) 划线定位。
2) 凿眼安装木榫。
3) 固定铝片线卡。
4) 敷设导线。

(3) 线管配线方法　线管配线指把绝缘导线穿在线管内，安全可靠，适用于室内外照明电路和动力线路配线，配线步骤如下：

1) 选择线管。
2) 加工线管。
3) 线管连接。
4) 敷设线管。
5) 扫管穿线。

4.2.2　荧光灯的结构与原理

荧光灯俗称日光灯，具有发光效率高、寿命长等优点，广泛应用于家庭及公共场所。它可分为传统型荧光灯和无极荧光灯。无极荧光灯取消了传统的灯丝和电极，由高频发生器、耦合器和灯泡三部分组成，利用电磁耦合的原理，使灯泡内的气体雪崩电离形成等离子体，当等离子受激原子返回基态时辐射出紫外线。虽然荧光灯有各种各样的外形和尺寸，但它们都是工作在一个同样的基本原理上，就是电流激发水银原子并使它们发出紫外线光子，这些光子再激发荧光粉发出可见光，所以这里重点介绍传统荧光灯的工作原理。

1. 传统荧光灯的组成

传统荧光灯主要由灯管、镇流器、辉光启动器、灯座和灯架五部分组成。

(1) 灯管　灯管是一根 15～40.5mm 直径的玻璃管，在灯管内壁涂有荧光粉，灯管两端各有一根灯丝，固定在灯管两端的灯脚上。灯丝上涂有氧化物。当灯丝通过电流而发热时，便发射出大量电子，管内在真空情况下，充有一定量的氩气和少量的水银，如图4-6所示。

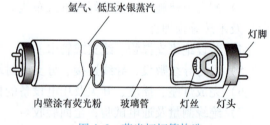

图 4-6　荧光灯灯管构造

(2) 镇流器　镇流器分为电感镇流器和电子镇流器两类。电感镇流器是具有铁心的电感线圈，它有两个作用，即升压和稳流：在启动时与辉光启动器配合，产生瞬时高压点燃灯管；在工作时，利用串联于电路中的高电抗限制灯管电流，延长灯管使用寿命。

电感镇流器的结构形式有单线圈式和双线圈式两种。从外形上看，又分为封闭式、开启式和半开启式三种。图 4-7 为单线圈封闭式电感镇流器。

为减少磁饱和，镇流器铁心磁路中根据所配灯管功率不同而留有不同间隙，以增加漏磁通，限制灯管启动电流。

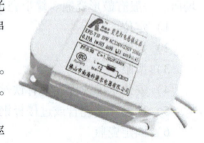

图 4-7　单线圈封闭式电感镇流器

由于镇流器比较重，又是发热体，宜将镇流器反装在灯架中间。镇流器的选用必须与灯管配套，即灯管瓦数必须与镇流器配套的标称瓦数相同。

电子镇流器是一个将工频交流电源转换成高频交流电源的变换器，如图4-8所示。

电子镇流器由整流滤波电路、功率开关与驱动电路、镇流器与灯丝负载回路三部分组成，它的作用是将50Hz的工频电源转换成20kHz的高频电源，直接点亮灯管。其特点是灯管点燃前高频高压，灯管点燃后高频低压（灯管工作电压）。它具有低电压启辉、高效节能、重量轻、开灯瞬间即亮、无噪声等优点，其应用越来越广泛。

图4-8 电子镇流器

（3）辉光启动器 俗称启辉器、跳泡。由氖泡、纸介质电容、引线脚和铝制或塑料制外壳组成。氖泡内有一个固定的静止触片和一个双金属片制成的倒U形动触片。双金属片由两种膨胀系数差别很大的金属薄片黏合而成，动触片与静触片平时分开，两者相距1/2mm左右。纸介电容容量在5000pF左右，与氖泡并联。

纸介电容的作用：

1）与镇流器线圈组成LC振荡回路，能延长灯丝预热时间和维持脉冲放电电压。

2）能吸收收录机、电视机等电子设备的杂波信号。如果电容被击穿，去掉后氖泡仍可使灯管正常发光，但失去吸收干扰杂波的性能。

（4）灯座 绝缘灯座将荧光灯管支承在灯架上，再用导线连接成荧光灯的完整电路。灯座有开启式和插入式两种。开启式灯座还有大型和小型两种，如6W、8W、12W、13W等的细灯管用小型灯座，15W以上的灯管用大型灯座。

灯管在灯座上的安装方式：

1）对插入式灯座，先将灯管一端灯脚插入带弹簧的一个灯座，稍用力使弹簧灯座活动部分向外退出一小段距离，另一端趁势插入不带弹簧的灯座。

2）对开启式灯座，先将灯管两端灯脚同时卡入灯座的开缝中，然后用手握住灯管两端灯头旋转约1/4圈，灯管的两个引出脚即被弹簧片卡紧使电路接通。

（5）灯架 灯架用来装置灯座、灯管、辉光启动器、镇流器等荧光灯零部件，有木制、铁皮制、铝皮制等几种。其规格应配合灯管长度、数量和光照方向选用。灯架长度应比灯管长。灯架反光面应涂白色或银色油漆，以增强光线反射。

2. 传统荧光灯的电路工作原理

传统荧光灯的工作过程分为启辉和工作两个阶段。下面分析单线圈镇流器荧光灯的工作原理（见图4-9）：可认为开关、镇流器、灯管两端的灯丝和辉光启动器处于串联状态。刚合上开关瞬时，辉光启动器动、静触片处于断开位置；而灯管处于长管放电发光状态，启辉前管内电阻较高，灯丝发射的电子不能使灯管内部形成电流通路；镇流器处于空载，线圈两端电压降极小；电源电压几乎全部加在辉光启动器氖泡动、静触片之间，使其发生辉光放电而逐渐发热，U形双金属片受热后，由

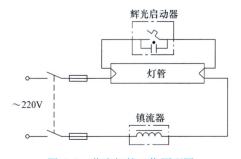

图4-9 荧光灯的工作原理图

于两种金属膨胀系数不同发生膨胀伸展而与静触片接触,将电路接通,构成荧光灯启辉状态的电流回路,使电流流过镇流器和两端灯丝,灯丝被加热而发射电子;辉光启动器动、静触片接触后,辉光放电消失、触片温度下降而恢复断开位置,将辉光启动器电路分断;此时镇流器线圈由于电流突然中断,在电感作用下产生较高的自感电动势,出现瞬时脉冲高压,它和电源电压叠加后加在灯管两端,导致管内惰性气体电离发生弧光放电,使管内温度升高,液态水银汽化游离,游离的水银分子剧烈运动撞击惰性分子的机会急剧增加,引起水银蒸汽弧光放电,辐射出波长为253.7nm左右的紫外线,紫外线激发管壁上的荧光粉而发出日光色的可见光。

灯管启辉后,管内电阻下降,荧光灯管回路电流增加,镇流器两端电压降跟着增大,有的要大于电源电压的1.5倍以上,加在氖泡两端电压大为降低,不足以引起辉光放电,辉光启动器保持断开状态而不起作用,电流由管内气体导电而形成回路,灯管进入工作状态。

3. 传统荧光灯的使用注意事项

1)荧光灯的部件较多,应检查接线无误方可使用,以免损坏。
2)正确选用镇流器和辉光启动器。
3)尽量减少开、关次数,以延长灯管使用寿命。
4)破碎的灯管要及时妥善处理,防止汞害。

4.2.3 开关和插座的安装

1)开关一般安装在门旁边。
2)电源开关一般距地面1.3~1.4m。
3)普通插座和弱电插座距地面0.3m。
4)立体空调插座距地0.3m,而挂机空调插座距地1.8m。
5)两孔插座水平安装时,左孔接零线,右孔接相线。竖直安装时,上孔接相线,下孔接零线。
6)三孔插座水平安装时,上孔接保护地线,下面两孔接法与两孔插座相同。
7)四孔插座安装时,上孔接保护地线,下面三孔依次接A、B、C三相线。

4.2.4 室内照明电路的检修方法

一般情况下,室内照明线路较简单,但由于线路分布面较大,影响照明电路正常工作的因素很多。因此,有必要掌握一定的分析故障的方法和排除故障的技能。

1. 分析和排除故障有关的技术资料

1)配电系统图。
2)电气设备工作原理图、安装接线图、设备使用说明书和其他有关技术资料。
3)电源进线、各闸箱和配电盘的位置,闸箱内的设备安装情况,线路分支、走向和负荷情况。

2. 检查故障的基本方法和步骤

(1)故障调查　处理故障前,应进行故障调查,向发生故障时的现场人员或操作人员了解故障前后的情况,以便初步判断故障性质和故障发生的部位。

(2)直观检查　直观检查即通过感官的闻、听、看判断故障。

闻：有无因绝缘烧坏而发生的焦臭味。

听：有无放电等异常声响。

看：查看线路有无明显的异常现象，如导线是否破皮、相碰、断线、灯丝是否烧焦、烧断等。

(3) 用仪器仪表测试 除了对线路、电气设备进行直观检查外，还应充分利用试电笔、万用表等进行测试。

(4) 分支路、分段检查 对待查电路，可按支路或用"对分法"分段进行检查，以缩小故障范围，逐渐逼近故障点。

4.2.5　含电能计量电路的室内照明电路配线

室内配线是指在房屋内对各种电器装置的供电和控制线路进行布线，包括敷设在室内的导线、电缆及其固定配件等，统称为室内配线。

照明电路即对照明灯具等用电设备供电和控制的电路。供电电压一般为单相220V 二线制，负荷大时采用380V/220V 三相四线制。含计量电路的室内照明电路如图4-10 所示。

室内照明计量电路的检测

图4-10 所示电路的检修方法如下：

电路接好后，合上开关，应看到辉光启动器有辉光闪烁，灯管在3s 内正常发光。如果发现灯管不发光，说明电路或灯管有故障，应进行简单的故障分析，其步骤如下：

1) 用试电笔或万用表检查电源电压是否正常，电能表接线是否正确。确认电源有电后，闭合开关，转动辉光启动器，检查辉光启动器与辉光启动器座是否接触良好。如果仍无反应，可将辉光启动器取下，查看辉光启动器座内弹簧片弹性是否良好，位置是否正确，若不正确可用螺钉旋具拨动，使其复位。

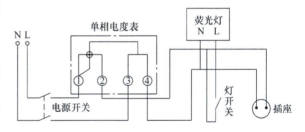

图4-10　含计量电路的室内照明电路

2) 用试电笔或万用表检查辉光启动器座上有无电压，如有电压，则辉光启动器损坏的可能性很大，可以换一只辉光启动器重试。

3) 若测量辉光启动器座上无电压，应检查灯脚与灯座是否接触良好，可用两手分别按住两个灯脚挤压，或用手握住灯管转动一下。若灯管开始闪光，说明灯脚与灯座接触不良，可将灯管取下来，将灯座内弹簧片拨紧，再把灯管装上。

4.3　三相四线制电能表及计量电路

通过本节的学习熟悉三相四线制有功电能表的工作原理，了解三相四线制电能表的接线方式，熟练掌握三相四线制电能表的计量电路接线。

4.3.1　三相四线制有功电能表的工作原理

三相电能表用于测量三相交流电路中电源输出（或负载消耗）的电能。它的工作原理与单相电能表基本相同，只是在结构上稍有差别。三相电能表采用两组或三组驱动部件，将两个（三相两元件）或三个（三相三元件）单相电能表的测量机构组合在一起，使所有铝盘固定在同一个轴上，旋转时带动一个计数器，从计数器上得到的读数直接反映了三相所消耗的总电能。

4.3.2 三相四线制有功电能表的接线

根据被测电能的性质，三相电能表可分为有功电能表和无功电能表。三相电能表接线方法分为三相三线制和三相四线制两类，每类又分为直接接入式和经电流互感器接入式两种类型。下面简要介绍三相四线制电能表的接线。

1. 直接接入法

如果负载的功率在电能表允许的范围内，可以采用直接接入法。机械式三相四线制电能表的直接接入法如图4-11所示。这种电能表共有11个接线端子，从左到右按1、2、3、4、5、6、7、8、9、10、11编号，其中1、4、7是电源相线的进线桩，3、6、9为电源相线的出线桩，10、11为接零端。1与2、4与5、7与8之间有短接片。

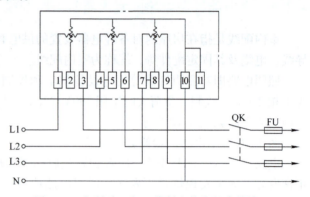

图4-11 机械式三相四线制电能表的直接接入法

2. 经电流互感器接入法

如果负载电流超过电能表的量程，可经电流互感器将大电流变换成小电流，以扩大电能表的量程。一般来说，电流互感器的二次侧电流都是5A，但此时读数应考虑电流互感器的电流比，即实际消耗的电能应为电能表的读数乘以互感器的电流比。机械式三相四线制电能表经互感器接入法如图4-12所示。其中1、4、7接电流互感器二次侧K1端，即电流进线端，3、6、9接电流互感器二次侧K2端，即电流出线端，2、5、8分别接三相电源，10、11为接零端。

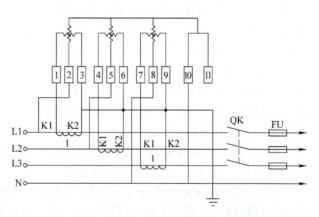

图4-12 机械式三相四线制电能表经互感器接入法

注意事项：

1）各电流互感器的电流测量取样必须与其电压取样保持同相，即1、2、3为一组，4、5、6为一组，7、8、9为一组。

2）电能表上的短接片必须拆除。

3）由于电能表上的短接片已拆除，各电流互感器的二次侧必须接地。

4.3.3 三相四线制电能表的读法

1）如果三相四线制电能表带有红色读数框，红色读数框所显示的就是小数。如果最右边没有红色读数框,黑色读数框显示的都是整数,只是在最右边(即个位数)的"计数轮"的右边带有刻度,而这个刻度就是小数点后的读数。

2)如果表输出不带电流互感器,表上显示的读数就是实际用电量;如果是计量输出带有互感器的,就要看互感器的规格。比如用的是100/5的互感器,那它的倍率为20(即100除以5);如果是200/5,倍率为40;以此类推,把表上显示的读数,再乘以这个倍率,就是实际使用的电量数,单位为kW·h(千瓦时:度)。即实际用电量 = 实际读数 × 倍率。

3)互感器如果不只绕一匝,那么,实际用电量 = 互感器倍率/互感器匝数 × 实际读数。匝数,指互感器内圈导线的条数,不指外圈。一般计量收费时,大多不计小数位的读数。

4.4 荧光灯电路常见故障及检修方法

与白炽灯相比,荧光灯电路较为复杂,使用中出现的故障也相应增多。通过本节的学习,能根据荧光灯电路的常见故障现象,分析其产生原因与检修方法。

4.4.1 接通电源,灯管完全不发光

1. 辉光启动器损坏或辉光启动器与底座接触不良

拔下辉光启动器用短路导线接通辉光启动器的两个触点,如果这时灯管两端发红,取掉短路导线,灯管即启辉(有时一次不行,需要几次),则可证明是辉光启动器损坏或与底座接触不良。可以检查辉光启动器与底座接触部分是否有较厚氧化层、脏物或接触点簧片弹性不足。如果接触不良故障消除后,灯管仍不启辉,则说明是辉光启动器损坏,需更换。

2. 对新装荧光灯,可能是接线错误

应对照线路图,仔细检查,若是接线错误,应改正。

3. 灯丝断开或灯管漏气

判断灯丝是否断开,可取下灯管,用万用表欧姆档分别检测两端灯丝。若指针不动,表明灯丝已断。如果灯管漏气,刚通电时管内就产生白雾,灯丝也立即被烧断。

4. 灯脚与灯座接触不良

轻微扭动灯管,改变灯脚与灯座的接触情况,看灯光是否变化,若无变化取下灯管,除去灯脚与灯座接触面上的氧化物,再插入通电试用。

5. 镇流器内部线圈开路,接头松脱或与灯管不配套

可用一个在其他荧光灯电路上正常工作而又与该灯管配套的镇流器代替。如灯管正常工作,则证明镇流器有问题,应更换。

6. 电源电压太低或电路电压降太大

可用万用表交流电压档检查荧光灯电源电压。如有条件时,可更换截面较大的导线或在电路上串联交流稳压器等。

4.4.2 灯管两头发红但不能启辉

1)辉光启动器中纸介电容被击穿或氖泡内动、静触片粘连,均可用万用表 R × 1kΩ 档检查辉光启动器两接线引出脚。若表针偏到0Ω,则系电容击穿或氖泡内动、静触片粘连,后者可用肉眼直接判断后,更换辉光启动器。若系纸介电容击穿,可将其剪除,辉光启动器

仍可暂时使用。

2）电源电压太低或电路电压降太大，可参照4.4.1中第6项所述处理。

3）气温太低，可给灯管加罩，不让冷风直吹灯管。必要时用热毛巾捂住灯管来回热敷，待灯管启辉后再拿开。

4）灯管陈旧，灯丝发射物质耗尽，这时灯管两端明显发黑，应更换灯管。

4.4.3　启辉困难，灯管两端不断闪烁，中间不启辉

1）辉光启动器不配套，应调换与灯管配套的辉光启动器。

2）电源电压太低，参照4.4.1中第6项处理。

3）环境温度太低，参照4.4.2中3）项处理。

4）镇流器与灯管不配套，启辉电流较小，应换用配套镇流器。

5）灯管陈旧，换新灯管。

4.4.4　灯管发光后立即熄灭

1）接线错误，烧断灯丝，应检查线路，改进接线，更换新灯管。

2）镇流器内部短路，使灯管两端电压太高，将灯丝烧断，用万用表相应欧姆档或用电桥检测镇流器冷态直流电阻，如果电阻小于正常值，则有短路故障，应更换镇流器。

4.4.5　灯管两头发黑或有黑斑

1）辉光启动器内纸介电容击穿或氖泡动静、触片粘连，这会使灯丝长期通过较大电流，导致灯丝发射物质加速蒸发并附着于管壁，应更换辉光启动器。

2）灯管内水银凝结，这种现象在启辉后水银会自行蒸发消失，必要时可将灯丝旋转180°使用，有可能改善使用效果。

3）辉光启动器性能不好或与底座接触不良，这会引起灯管长时间闪烁，加速灯丝发射物质蒸发，应换辉光启动器或检修辉光启动器座。

4）镇流器不配套，用万用表检查灯管工作电压是否正常，若不正常，可认为镇流器不配套，应换上配套镇流器再试。

5）电路电压过高，加速灯丝发射物质蒸发，用万用表检查电路电压，若过高则采用降压措施解决，如用交流稳压器等。

4.4.6　灯管亮度变低或色彩变差

1）气温低影响灯管内部水银气化和降低弧光放电能力，应加防护罩回避冷风。

2）电源电压太低或电路电压损失较大，参照4.4.1中第6项所述内容解决。

3）灯管上积垢太多，应清洁灯管。

4）灯管陈旧，发光性能下降，无法使用时应更换新灯管。

5）镇流器不配套或有故障，使电路工作电流太小，可换上与灯管配套的能正常工作的镇流器对比检查，如镇流器有问题应更换。

4.4.7　启辉后灯光在管内旋转

1）新灯管的暂时现象，启动几次后即可消除。
2）镇流器不配套，使电路工作电流偏大，可换配套镇流器重试。
3）灯管质量不好，应更换新灯管。

4.4.8　灯光闪烁

1）新灯管暂时现象，启动几次后即可消除。
2）辉光启动器坏，氖泡内动、静触片交替通断而引起闪烁，应更换新辉光启动器。
3）电路连接点接触不良，时通时断，应检查电路，加固各接头点。
4）电路故障使灯丝有一端因电路短路不发光，将灯管从灯座中取出，两端对调后重新插入灯座，若原来不发光的一端仍不发光，是灯丝断。

4.4.9　通电后有交流嗡声和杂声

1）镇流器内部短路，硅钢片没插紧，但镇流器内部多用沥青或绝缘漆等封固，应当将铁心拆除。
2）电源电压太高，可参照4.4.5中5）项解决。
3）镇流器过载或内部短路，应检查镇流器过载的原因并排除故障。若镇流器内部短路应更换。镇流器内部是否短路可用万用表测线圈冷态直流电阻判断。
4）辉光启动器质量不好，由于不断交替通断引起杂声，应更换新辉光启动器。
5）镇流器温升过高，检查镇流器温升过高的原因，若系镇流器故障，应更换；若是电路故障，应检修。

4.4.10　镇流器过热

1）灯架内温度过高，应设法改善通风条件。
2）电源电压过高或镇流器质量不好（如内部匝间短路），若系电源电压过高，有条件时可参照上述方法降低电源电压，若系镇流器质量不好应更换。
3）灯管闪烁时间或连续通电时间过长，按上述有关内容排除引起闪烁的故障，适当缩短每次灯管使用时间。

4.4.11　灯管寿命短

1）镇流器不配套或质量差，使灯管工作电压偏高，灯管工作电压仍可用万用表交流电压档检查，若偏高，应更换合格镇流器。
2）开关次数太多或辉光启动器故障引起长时间闪烁，尽可能减少开关次数，若是辉光启动器故障，更换辉光启动器。
3）新装荧光灯可能接线错误，通电不久就使灯丝被烧断，应细心检查灯具接线情况，在确认接线完全正确后再换新灯管。
4）灯管受强烈振动，将灯丝振断，消除振动因素后换新灯管。

4.4.12 断开电源，灯管仍发微光

1）荧光粉有余辉的特性，短时有微光属正常现象。

2）开关接在零线上，关断后灯丝仍与相线相连，只需将开关改接到相线上，故障即可消除。

4.5 含计量电路的室内照明电路配线训练

4.5.1 实施过程

1. 教师讲解示范

1）根据图样要求进行室内照明电路与单相电能表的安装接线，之后进行调试。

2）根据装调的故障现象，依据接线图，采用"逐线、逐段、就近"检测法确定故障范围。

3）采用正确的检修方法，查找故障点并排除故障。

4）检修完毕，进行通电试验。

2. 学生操作

根据教师提出的配线要求，让学生 2~3 人为一小组进行讨论学习，熟悉各元器件，按照接线要求，正确使用工具并连接电路，在教师的巡回指导下，小组成员合作完成接线任务。

4.5.2 考核与评价

考核学生的知识接受能力、安全规范操作的职业能力等，具体检查内容如下：

1）是否穿戴防护用品。

2）使用的电工刀、剥线钳是否符合使用要求，方法是否正确。

3）在操作过程中是否按操作规程进行操作。

4）各小组之间互相评价电路连接情况，针对不足，反复练习直至符合标准。

5）教师对各组的配线整体布局情况进行考核和点评，以达到不断优化的目的。考核要求及评分标准见表 4-2。

表 4-2 考核要求及评分标准

项 目	考核内容及评分标准	配 分	扣 分	得 分
电路图分析	1. 电路装调前不进行调查研究，扣 5 分 2. 元件布置不合理，每处扣 5 分 3. 接线复杂，与最优方案有错位的，每处扣 5 分	15 分		
安装调试	1. 使用仪表和工具不正确，每次扣 5 分 2. 单相电能表进出线接反，扣 10 分 3. 镇流器、开关接零线，扣 10 分 4. 插座零、相线接反，扣 10 分 5. 互感器匝数接错，扣 10 分 6. 损坏元器件，扣 10 分	55 分		

（续）

项　目	考核内容及评分标准	配　分	扣　分	得　分
通电试验	1. 私自接通电源，扣10分 2. 不能正确排查故障，扣10分	20分		
安全文明生产	1. 工具整理不齐，扣2分 2. 环境清洁不合格，扣3分 3. 接线过程中丢失零件，扣5分	10分		
合　计		100分		
备　注	在一个计量电路中，教师人为设置几个故障点，学生进行排查。根据排查故障的时间、效果及方法进行综合评价			

4.6 【知识拓展】智能电能表

所谓智能电能表，就是应用计算机技术和通信技术等，形成以智能芯片为核心，具有电功率计时、计费与上位机通信和用电管理等功能的电能表。智能电能表与普通电能表外观上相差无几，但具有强大的数据记录和储存功能，能实现客户信息全时段全方位采集。作为智能电网的重要环节，智能电能表的发展对于智能电网的壮大具有不可替代的作用。目前，国内智能电能表从结构上大致可分为机电式和全电子式两大类。这里重点介绍机电式智能电能表。

4.6.1 机电式智能电能表

1. 机电式智能电能表的工作原理与分类

机电式智能电能表主要由感应式测量机构、光电转换器和分频器、计数器三大部分组成，其工作原理如图4-13所示。

图4-13　机电式智能电能表的工作原理

感应式测量机构的主要作用是将电能信号转变为转盘的转数。

光电转换器的作用是将正比于电能的转盘转数转换为电脉冲，此脉冲数正比于被测电能，即应满足如下关系：

$$W = \frac{1}{C}N = \frac{1}{C}mn_1$$

式中，W是被测电能，单位为 kW·h；m为转换后输出的总脉冲数，单位为 imp；n_1代表每输出一个脉冲转盘应转动的圈数，单位为 r/imp；C代表电能常数，单位为 r/(kW·h)。

分频器和计数器的主要作用是对经光电转换器转换成的脉冲信号进行分频、计数，从而得到所测量的电能。

经过简单的光电转换得到的初始电能脉冲信号，由于波形不理想，不能直接送至计数器计数或微处理器处理，还必须先经过整形放大、限幅限宽等一系列处理，而根据光电转换器的不同，机电式电能表可分为单向脉冲式和双向脉冲式两种类型。

2. 单向脉冲式电能表

单向脉冲式电能表的光电转换器主要包括光电头和光电转换电路两部分。

（1）光电头　光电头由发光器件和光敏器件组成。机电式电能表的光电头多采用红外发光二极管和光敏晶体管，其具体的方法是通过在感应式测量机构的转盘上进行分度并做标记，如打孔、铣槽或印上黑色分度条等，用穿透式或反射式光电头发射光束，采集转盘旋转时的标记得到初始脉冲。两种典型的光电头的安装示意图如图 4-14 所示。

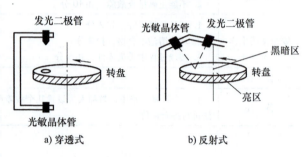

图 4-14　两种典型的光电头的安装示意图

穿透式光电头在转盘上钻有若干个小孔，发光管二极管和光敏晶体管分别安装在转盘的上下两侧，光敏晶体管通过接收透射光产生输出脉冲；反射式光电头在转盘边缘均匀地印有黑色分度线，发光管二极管和光敏晶体管安装在转盘的同一侧，光敏晶体管通过接收反射光产生输出脉冲。

（2）光电转换电路　图 4-15 所示为常用的光电转换电路，JEC-2 是一个高输入阻抗的低功耗射极耦合触发器，按图中的连接，即为施密特触发电路。电路中除了加有积分电路外，R_4、C_1 和 R_6 还组成一限幅、微分电路，把宽度随机的脉冲转化为大小、宽度相等的窄脉冲，以便送给分频器、计数器计数或给微机进行多功能化处理。

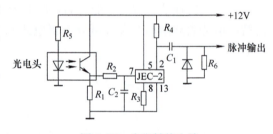

图 4-15　光电转换电路

3. 双向脉冲式电能表

双向脉冲式电能表具有双向计度的功能，既能测量正向消耗电能，又能测量反向消耗电能。当负载呈感性时正转，对应感性负载的耗能计量；负载呈容性时则反转，用另一计数器对容性负载的耗能计量。另外，一些并网运行变电站使用的有功电能表也有反转的可能，对此，过去一般都采用两只有功电能表分别进行正、反向计量，现在仅用一只双向脉冲式有功电能表即可实现有功电能的正、反转计量。

（1）光电头　在电路设计和制造上，双向脉冲电能表比单向脉冲电能表复杂，它有两套光电头和转换电路，分别输出正转和反转电能脉冲。

双向脉冲式电能表转盘和光电头安装位置俯视图如图 4-16 所示。光电头 1、2 的轴线不通过转盘中心。当转盘逆时针转动（称为正转）时，光电头 1 每次先接触黑印，光电头 2 滞后一些；若转盘顺时针转动（称为反转），则光电头 2 先接触黑印，而光电头 1 滞后。

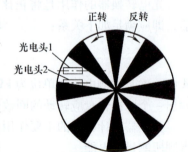

图 4-16　双向脉冲式电能表转盘和光电头安装位置俯视图

(2) 光电转换电路　双向脉冲式电能表光电转换及双向脉冲输出控制电路如图 4-17 所示。图中，与非门 a、c 完成两路光电转换，双向脉冲输出则由双 D 触发器 Ⅰ、Ⅱ 和与非门 b、d 控制。转盘转动时，经两光电头检测，与非门 a、c 输出两路脉冲在时间上有差异，使与非门 b、d 只有一路有输出脉冲。

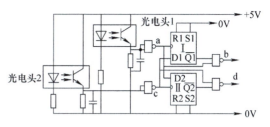

图 4-17　双向脉冲式电能表光电转换及双向脉冲输出控制电路

4.6.2　全电子式智能电能表

全电子式智能电能表是在数字功率表的基础上发展起来的，采用乘法器实现对电功率的测量，其工作原理如图 4-18 所示。被测量的高电压 u、大电流 i 经电压变换器和电流变换器转换后送至模拟乘法器，乘法器完成电压和电流瞬时值相乘，输出一个与一段时间内的平均功率成正比的直流电压 U，然后再利用电压/频率转换器，U 被转换成相应的脉冲频率 f，将该频率分频，并通过一段时间内计数器的计数，显示出相应的电能。

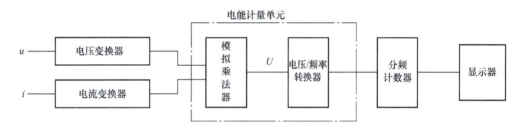

图 4-18　全电子式智能电能表工作原理

电压和电流变换器的作用一方面是将被测信号按一定的比例转换成低电压、小电流输入到乘法器中；另一方面是使乘法器和电网隔离，减小干扰。

模拟乘法器是一种完成两个互不相关的模拟信号（如输入电能表内连续变化的电压和电流）进行相乘作用的电子电路，通常具有两个输入端和一个输出端，是一个三端网络。

电压/频率转换器，大多采用积分方式实现转换，使输出频率与输入电压成正比。

分频计数器完成对送入计数器前的脉冲信号的分频，所谓分频，就是使输出信号的频率分为输入信号频率的整数分之一；所谓计数，就是对输入的频率信号累计脉冲个数。在全电子式电能表中，分频器和计数器一般采用 CMOS 集成电路器件。这是因为集成电路器件工作可靠性、抗干扰能力、功率消耗、电路保安和机械尺寸等一系列指标均优于分立元器件组成的电路。

4.7　思考与练习

1. 简述单相电能表的工作原理。
2. 画图说明单相电能表的跳入式接线方法。
3. 室内配线的基本要求是什么，有哪几种配线方式？

4. 辉光启动器中的氖泡有什么作用?
5. 简述荧光灯工作原理。
6. 在室内照明电路中,如何正确安装插座和开关?
7. 荧光灯电路常见的故障有哪些?
8. 练习三相四线制电能表经电流互感器如何计量电能?
9. 三相四线制电能表经电流互感器接线有哪些注意事项?

问题探讨:请查阅江风益团队的事迹资料,谈谈当代大学生该如何弘扬踏实奋进的科学精神,矢志创新,为实现科技强国贡献自己的力量。

第二部分
电气控制实训

第 5 章

常用低压电器

电器按其工作电压等级可分为高压电器和低压电器。低压电器是指工作在交流 1200V 或直流 1500V 及以下电路中，起通断、保护、控制、调节或转换作用的电器。按其控制对象不同，低压电器分为配电电器和控制电器两大类。低压配电电器主要用于低压配电系统和动力回路；低压控制电器主要用于电力拖动系统中。

低压电器产品的种类多、数量大，用途广泛，原理结构各异。常用的低压电器主要有刀开关、低压断路器、按钮开关、组合开关、熔断器、接触器、继电器、行程开关等，学习识别与使用这些低压电器是掌握电气控制技术的基础。

5.1 配电电器

通过本节的学习熟悉常用低压电器的结构，了解常用低压电器的选择方法、使用和维护注意事项，并能根据应用场合正确地选择和使用低压电器。

5.1.1 刀开关

刀开关俗称闸刀开关，如图 5-1 所示。最常用的是瓷底胶盖刀开关（开启式负荷开关），它主要由瓷底座、瓷质手柄、触刀座、触刀、熔体和胶盖等组成。图 5-2 为 HK 系列刀开关的结构图和符号（通用符号）。

图 5-1 刀开关

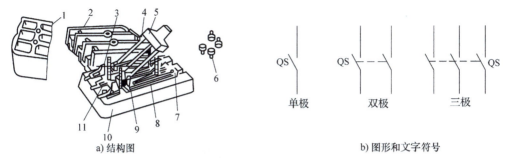

图 5-2　HK 系列刀开关的结构图和符号（通用符号）

1—上胶盖　2—下胶盖　3—插座　4—触刀　5—瓷质手柄　6—胶盖紧固螺钉
7—出线座　8—熔体　9—触刀座　10—瓷底座　11—进线座

1. 刀开关的分类

刀开关按极数可分为单极、双极和三极；按操作方式可分为直接手柄操作式、杠杆操作机构式和电动操作机构式；按刀开关转换方向可分为单投和双投。

2. 刀开关的选用原则

1）根据使用场合，选择刀开关的类型、极数及操作方式。

2）刀开关额定电压应大于或等于电路电压。

3）刀开关额定电流应等于或大于电路的额定电流。对于电动机负载，开启式刀开关额定电流可取电动机额定电流的 3 倍；封闭式刀开关额定电流可取电动机额定电流的 1.5 倍。

4）校验刀开关的动稳定性和热稳定性。

5）选择刀开关时，应检查各触刀与对应触刀座是否成直线、紧密接触。

3. 刀开关的安装与使用

1）瓷底座应与地面垂直，瓷质操作手柄向上推为接通电源，向下拉为断开电源，不得倒装和平装。

2）接线时，电源进线应接在触刀座接线桩上，负荷线接在和触刀相连的接线桩上。若是有熔体的刀开关，负荷线应接在触刀下侧熔体的另一端，以保证刀开关切断电源后，触刀和熔体不带电。

3）不宜带重负载接通或分断电路，常用于照明电路，也可用于 5.5kW 以下异步电动机不频繁地起动和停止控制。合闸和拉闸都要迅速，以利于迅速灭弧，减少触刀的灼伤。

5.1.2　熔断器

熔断器是一种过电流保护器。其主体是低熔点的金属丝或金属薄片制成的熔体，串联在被保护的电路中，在电路中主要用于短路保护。熔断器的图形符号和文字符号如图 5-3 所示。

1. 熔断器的结构

熔断器主要由熔体（俗称保险丝）和安装熔体的熔管（或熔座）两部分组成。熔体由熔点较低的材料如铅、锌、锡及铅锡合金做成丝状或片状。熔管是熔体的保护外壳，由陶瓷、绝缘钢纸或玻璃纤维制成，在熔体熔断时兼起灭弧作用。

图 5-3　熔断器的图形符号和文字符号

2. 常用熔断器

（1）RC1A 系列插入式熔断器　常用的插入式熔断器有 RC1A 系列，用于无振动场所。主要由瓷底座、瓷盖、动触头、静触头和熔体组成，RC1A 系列插入式熔断器如图 5-4 所示。

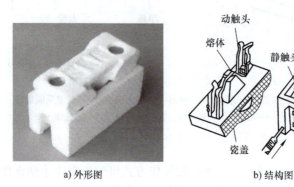

a) 外形图　　　　　　　b) 结构图

图 5-4　RC1A 系列插入式熔断器

（2）RL 系列螺旋式熔断器　用于有振动场所，如在机床电路中做短路保护。螺旋式熔断器主要由瓷帽、熔断管（熔芯）、瓷套、上下接线端及瓷座组成，如图 5-5 所示。

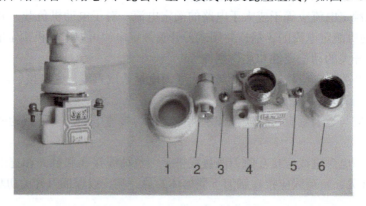

图 5-5　RL 系列螺旋式熔断器

1—瓷套　2—熔断管　3—下接线端　4—瓷座　5—上接线端　6—瓷帽

（3）RS 系列快速熔断器　主要用于半导体整流元件或半导体整流装置的短路保护，如图 5-6 所示。

（4）RM 系列无填料封闭管式熔断器　主要由熔断管、熔体和插座组成，熔体被封闭在不充填料的熔断管内，如图 5-7 所示。

这种熔断器的优点是灭弧能力强，熔体更换方便，广泛应用于发电厂、变电所和电动机的保护。为保证这类熔断器的保护功能，熔体被熔断和拆换三次后，应更换新熔管。常用的无填料封闭管式熔断器有 RM7 系列和 RM10 系列。

（5）RT 系列有填料封闭管式熔断器　有填料封闭管式熔断

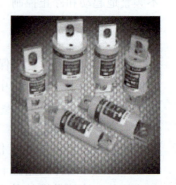

图 5-6　RS 系列快速熔断器

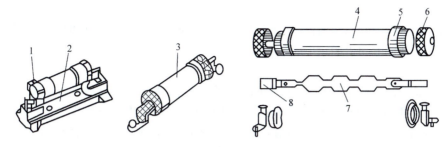

图 5-7 RM 系列无填料封闭管式熔断器
1—插座 2—底座 3—熔断管 4—钢纸管 5—黄铜套管
6—黄铜帽 7—熔体 8—刀型夹头

器是一种有限流作用的熔断器，多用于交流电压 380V、额定电流 1000A 以下的高短路电流的电力网络和配电装置中作为电路、电动机、变压器及其他设备的过载与短路保护。有填料封闭管式熔断器主要由熔管、触头、底座等组成，如图 5-8 所示。熔管内有工作熔体和指示器熔体，管内填满直径为 0.5～1.0mm 的石英砂，用以加强灭弧功能。

图 5-8 RT 系列有填料封闭管式熔断器

（6）RZ 系列自复式熔断器　自复式熔断器如图 5-9 所示，它采用金属钠作熔体，在常温下具有高电导率。当电路发生短路故障时，短路电流产生高温使钠迅速气化，气态钠呈现高阻态，从而限制了短路电流。当短路电流消失后，温度下降，金属钠恢复原来的良好导电性能。自复式熔断器只能限制短路电流，不能真正地分断电路。其优点是不必更换熔体，能重复使用。

3. 熔断器的选用注意事项

1）熔断器的类型选择：根据电路要求和现场条件选择。

2）熔断器额定电压的选择：其额定电压应大于或等于电路的工作电压。

3）熔断器额定电流的选择：其额定电流必须大于或等于所装熔体的额定电流。

4）熔体额定电流的选择：

① 负载电流比较平稳（如电热设备或照明电路）时，熔体额定电流应等于或稍大于电路的正常工作电流。

② 保护一台电动机时，熔体额定电流应选该电动机

图 5-9 RZ 系列自复式熔断器

额定电流的 1.5~2.5 倍。

③ 保护多台电动机时，熔体额定电流应该选功率最大的一台电动机的额定电流的 1.5~2.5 倍，再加上其他电动机额定电流的总和。

4. 熔断器的使用和维护注意事项

1）熔体熔断后，应首先查明故障原因，确定是短路还是严重过载。若熔体只有一两处熔断（插入式熔断器常在熔体的两个连接端附近熔断），熔座内无烧焦现象，也无大量的熔体蒸发物附在管壁上，则说明是因过载而熔断，否则是短路现象引起熔体熔断。

2）更换熔体时必须断开电源，以免被电弧烧伤。

3）运行中应经常检查熔断器，及时发现断相故障，查找原因，更换熔体。

4）螺旋式熔断器下接线板的接线端应装在上方与电源端相连；连接金属螺旋壳体的接线端应装于下方，并与负载相连。

5.1.3 低压断路器

低压断路器又称自动空气断路器或自动空气开关。常用产品有 DZ 系列，主要适用于配电开关板、控制电路、照明电路以及电动机和其他用电设备，兼做过载及短路保护装置。其外形图如图 5-10 所示，三极低压断路器符号如图 5-11 所示。

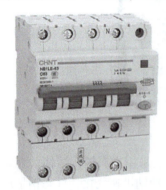

图 5-10 低压断路器外形图

图 5-11 三极低压断路器符号

1. 低压断路器的分类

1）按灭弧介质分为空气式和真空式（目前国产多为空气式）。

2）按结构形式分为塑料外壳式和万能式。

3）按极数分为单极、双极、三极和四极。

4）按动作速度分为快速型和一般型。

2. 低压断路器的基本结构

低压断路器由三个基本部分组成：

1）触点和灭弧系统，用于接通和断开电路。

2）脱扣器，用于感受电路中出现故障时各物理量的变化并将这种变化转换为推动脱扣机构的动作而切断电路。

3）操作机构和自由脱扣机构，用于电路的接通和与脱扣器配合切断故障电路。

3. 低压断路器的工作原理

图 5-12 是典型三极低压断路器的工作原理图。

图中，2为三极主触点系统，当手柄推上后，主触点2闭合，传动杆3被锁扣4钩住，电路接通。如果主电路出现过电流现象，过电流脱扣器6的衔铁吸合，顶杆将锁扣4顶开，主触点在分闸弹簧1的作用下复位，断开主电路，起到保护作用；如果出现过载现象，热脱扣器7的感热元件弯曲将锁扣4顶开；如果出现欠电压（失电压）现象，欠电压、失电压脱扣器8的衔铁将锁扣4顶开；分励脱扣器9可由操作人员控制，使低压断路器跳闸。

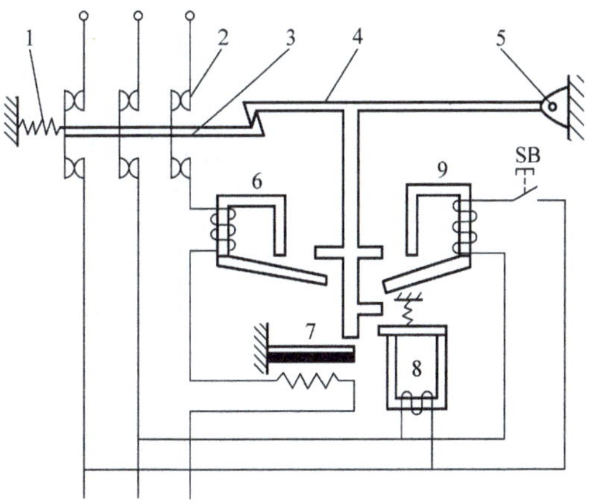

4. 低压断路器的选用

主要包括型号、额定工作电压、脱扣器的额定电流、壳架等级额定电流的选择和额定短路分断能力的校验。

图 5-12 典型三极低压断路器的工作原理图
1—分闸弹簧 2—主触点 3—传动杆 4—锁扣
5—轴 6—过电流脱扣器 7—热脱扣器
8—欠电压、失电压脱扣器 9—分励脱扣器

在选择低压断路器时可根据需要选择部分或全部脱扣器进行保护，也可选择单极、两极或三极式产品。

5. 低压断路器的安装与使用

1）安装前应检查外观、技术指标、绝缘电阻，并清除灰尘和污垢，擦净极面防锈油脂。

2）低压断路器底板应垂直于水平位置固定并安装平整，不应有附加机械应力。

3）漏电保护开关其实质就是一种附有漏电保护装置的低压断路器。有电流动作型和电压动作型两类，最常用的为电流动作型。

4）三相四线漏电保护开关和单相漏电保护开关必须把电源线路上的零线经过开关，其余的漏电保护开关的安装和要求与低压断路器相同。

5.1.4 组合开关

组合开关又名转换开关，属于手动控制电器，与刀开关的操作（上下的平面操作）不同，它是左右旋转的平面操作，其外形图如图 5-13 所示。

1. 组合开关的结构和工作原理

组合开关由动触头、静触头、绝缘方轴、手柄、凸轮等主要部分组成，是一种由多节触头组合而成的刀开关，其动、静触头分别叠装于数层绝缘壳内，转动手柄即可完成对应动、静触头之间的接通或分断。开关内装有速断弹簧，用以加快开关的分断速度。图 5-14 为 HZ10 系列组合开关结构图和符号（通用符号）。

图 5-13 组合开关的外形图

2. 组合开关的选用

选用组合开关时，应根据用电设备的耐压等级、容量和极数综合考虑。用于控制照明或电热设备时，其额定电流应等于或大于被控制电路中各负载电流之和。用于控制小型电动机不频繁的全压起动时，其容量应大于电动机额定电流的 1.5~2.5 倍，每小时切换次数不宜

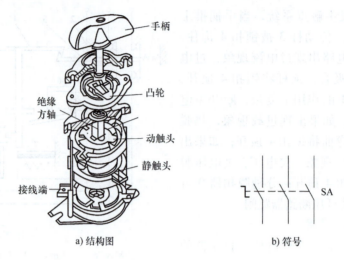

图 5-14　HZ10 系列组合开关结构图和符号（通用符号）

超过 15 次。

3. 组合开关的安装及使用

1) 安装时应使手柄保持水平旋转位置。

2) 当组合开关所控制的用电设备功率因数较低时，应按容量等级降级使用，以延长其使用寿命。当功率因数小于 0.5 时，由于熄弧困难，不宜采用 HZ 系列转换开关。

3) 转换开关可以按电路的要求组成不同接法的开关，以适应不同电路的要求。

4) 由于转换开关本身不带过载和短路保护装置，不能分断故障电流，为保证电路和设备安全，在所控制的电路中，必须加装保护设备。

5.1.5　倒顺开关

倒顺开关属于组合开关中的一类，是一种手动开关。它不但能接通和分断电源，而且还能改变电源输入的相序，用来直接实现对小容量电动机的正反转控制，图 5-15 是 HZ3－132 系列倒顺开关的外形图。

图 5-15　HZ3－132 系列倒顺开关的外形图

倒顺开关手柄有三个位置：顺、停、倒。当手柄处于"停"位置时，对应的动、静触头均断开；当手柄扳至"顺"位置时，带动转轴将一组动、静触头接通；当手柄扳至"倒"

位置时，带动转轴将另一组动、静触头接通，将电源两相相序变换。由于倒顺开关可以实现电源反接，故可用来对电动机实行反接制动。使用时如果欲使电动机改变转向，应先将手柄扳至"停"的位置，待电动机停转后，再将手柄转向另一方。

5.2 控制电器

5.2.1 控制按钮

控制按钮是一种手动发出控制信号的低压电器。由于按钮载流量小，一般不超过 5A，所以它不直接控制主电路的通断，其外形图如图 5-16 所示。

图 5-16 控制按钮外形图　　　　　　　　按钮的检测

1. 控制按钮的分类与结构

（1）分类　控制按钮（以下简称按钮）的种类很多，按结构不同可分为普通揿钮式、蘑菇头式、自锁式、自复位式、旋柄式、带指示灯式、带灯符号式及钥匙式等。为了标明各个按钮的作用，避免误操作，通常将按钮帽做成不同的颜色，以示区别，其颜色有红、绿、黄、蓝、白、黑等。如红色表示停止或急停，绿色表示起动，黑色表示点动，蓝色表示复位；黄色表示干预等。常用产品有 LA 系列。

（2）结构　控制按钮有单钮、双钮、三钮及不同组合形式，一般是采用积木式结构，主要由按钮帽、复位弹簧、桥式动触头和外壳等组成。通常做成复合式，即具有常闭触点和常开触点。

当按下按钮帽时，桥式动触头向下移动，使常闭触点先行断开，常开触点随后闭合；松开按钮，在复位弹簧作用下，各触点恢复原始状态。按钮的原理图如图 5-17 所示，图 5-18 为按钮的图形符号及文字符号。

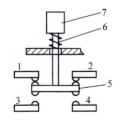

图 5-17　按钮的原理图　　　　图 5-18　按钮的图形符号及文字符号

1、2—常闭静触头　3、4—常开静触头
5—桥式动触头　6—复位弹簧　7—按钮帽

2. 控制按钮的选择原则

1）根据使用场合和具体用途选择按钮的种类。
2）根据工作状态指示或工作情况要求选择按钮的颜色。
3）根据控制电路的需要选择按钮的数量。

3. 控制按钮的安装与维护

1）控制按钮安装在面板上时，应布置整齐，排列合理。
2）同一机床运动部件有几种不同的工作状态（如上下、前后、左右、松紧等）时，应使每一对相反状态的控制按钮安装在一组。
3）控制按钮的安装固定应牢固，接线应可靠。安装按钮的金属板或金属按钮盒必须可靠接地。
4）为应对紧急情况，当控制面板上安装的控制按钮较多时，应该用红色蘑菇头按钮作总停按钮，且安装在显眼容易操作的地方。
5）由于按钮的触点间距较小，应注意保持触点间的清洁。
6）带指示灯式按钮一般不宜用于需要长期通电显示处，以免塑料外壳过热变形，使更换灯泡困难。

5.2.2 接触器

接触器是一种用来频繁地接通或断开大电流电路的自动切换电器，主要用于控制电动机、电热设备、电容器组等，不仅能自动接通和断开电路，而且还具有低电压释放保护和实施远距离控制等优点。

按照接触器主触点通过电流的种类不同，可分为交流接触器和直流接触器。这里只介绍交流接触器，其外形图如图 5-19 所示。

图 5-19　交流接触器的外形图　　　　　交流接触器的检测

1. 交流接触器的基本结构

交流接触器主要由电磁系统、触点系统、灭弧装置和外壳等部件组成。其作用是将电磁能转换成机械能，产生电磁吸力带动触点动作。

（1）电磁系统　电磁系统由电磁线圈、静铁心、动铁心（衔铁）等组成。
1）电磁线圈。一般采用电压线圈，如图 5-20 所示，其线径较小，匝数较多，与电源并联。

图 5-20　电磁线圈

2）铁心。交流接触器的铁心由硅钢片叠压而成，如图 5-21 所示，可减少交变磁通在铁心中的涡流和磁滞损耗。其中静铁心与底座相连，动铁心与动触头支架相连。

a）静铁心　　　　　　　　　　　b）动铁心（衔铁）

图 5-21　铁心

（2）触点系统

1）按功能不同分为主触点和辅助触点两类。主触点用于接通和分断主电路；辅助触点用于接通和分断二次电路（控制电路），可以实现自锁、互锁功能。主触点在常态下断开；辅助触点有常开触点、常闭触点，在常态下，常开辅助触点断开，常闭辅助触点导通。

主触点截面尺寸较大，设有灭弧装置，允许通过电流较大，所以接入主电路（与负载串联）；辅助触点截面尺寸较小，不设灭弧装置，允许通过电流较小，通常接入控制电路。

2）按接触情况交流接触器的触点可分为点接触式、面接触式和线接触式三种。

（3）灭弧装置　交流接触器在分断较大电流电路时，灭弧装置用于熄灭动、静触头之间的电弧。灭弧装置一般采用灭弧罩，它由陶土或石棉水泥制成。

（4）其他组成部分　交流接触器除上述三个主要部分外，还有外壳、传动机构、接线桩、反作用弹簧、复位弹簧、缓冲弹簧、触点压力弹簧等附件。

2. 交流接触器的工作原理

交流接触器的工作原理如图 5-22 所示。

当接触器线圈通电后，线圈电流产生磁场，使静铁心产生电磁吸力将动铁心（衔铁）吸合，衔铁带动触点系统中的桥形触点动作，使常闭辅助触点先断开，常开主触点和常开辅助触点随后闭合，主电路被接通。当线圈断电（或电压不够）时，电磁吸力消失（或不足），衔铁在反作用弹簧力的作用下释放，各对触点复位，从而断开主电路。

交流接触器的图形符号和文字符号如图 5-23 所示。

3. 交流接触器的主要技术参数

接触器的主要技术参数有极数、电流种类、额定工作电压、额定工作电流（或额定控制功率）、电磁线圈额定电压、电磁线圈的起动功率和吸持功率、额定通断能力、允许操作频率、机械寿命和电寿命、使用类别等。

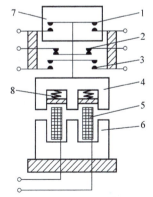

图 5-22　交流接触器的工作原理

1—主触点　2—常闭辅助触点　3—常开辅助触点
4—动铁心　5—电磁线圈　6—静铁心
7—灭弧罩　8—弹簧

1)极数。即接触器主触点个数。有两极、三极和四极之分。当用于三相异步电动机的控制时一般选用三极接触器。

2)额定工作电压。主触点之间的正常工作电压,即主触点所在电路的电源电压。交流接触器额定工作电压有127V、220V、380V、500V、660V等。直流接触器额定工作电压有110V、220V、380V、500V、660V等。

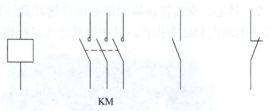

a)电磁线圈　　b)主触点　　c)常开辅助触点　d)常闭辅助触点

图 5-23　交流接触器的图形符号和文字符号

3)额定工作电流。主触点正常工作的电流值。交流接触器的额定工作电流有10A、20A、40A、60A、100A、150A、400A、600A等。直流接触器的额定工作电流有25A、40A、60A、100A、250A、400A、600A。

4. 交流接触器的选择

在选择交流接触器时,主要是选择合适的额定电压、额定电流和电磁线圈额定电压。一般情况下,交流接触器的额定电压和额定电流应大于或等于负载电路的额定电压和额定电流,电磁线圈的额定电压应与所接控制电路的电压相一致。

5. 交流接触器的安装与使用

1)安装前应检查接触器的铭牌及线圈上的技术数据是否符合实际使用要求。

2)接触器应垂直安装在底板上,其倾斜度不应大于5°。

3)安装接线时,严禁将零件掉入电器内部。

4)使用期间应定期检查产品各部件,触点表面应清洁,不允许涂油;零部件如有破损应及时更换。

5.2.3　热继电器

电动机在实际运行中,如拖动生产机械的工作过程中,若机械出现不正常的情况或电路异常使电动机过载,则电动机转速下减、绕组中的电流将增大,使电动机的绕组温度升高。若过载时间和过载电流超过允许值,则导致绝缘损坏,使电动机绕组老化,缩短电动机的使用寿命,严重时甚至会使电动机绕组烧毁。而熔断器通过这种过载电流一般不会立即熔断,甚至不熔断,所以要采用热继电器对长期运行的电动机进行过载保护。

热继电器就是利用电流的热效应原理,在出现电动机不能承受的过载时切断电动机电路,为电动机提供过载保护的保护电器。常用的热继电器外形图如图 5-24 所示。

图 5-24　常用的热继电器外形图　　　　　　　　　　　　　　热继电器的检测

1. 热继电器的结构与工作原理

热继电器主要由热元件、双金属片和触点三部分组成，双金属片式热继电器的结构原理图如图5-25所示。

热元件与保护的电动机定子绕组串接，触点接在控制电路中。当电动机正常运行时，热元件中通过正常的电动机工作电流，其产生的热量虽能使双金属片弯曲，但还不足以使继电器触点动作。当电动机过载时，流过热元件的电流增大，其产生的热量增加从而使双金属片弯曲程度增大，经过一段时间双金属片弯曲到推动导板带动机械装置的程度，

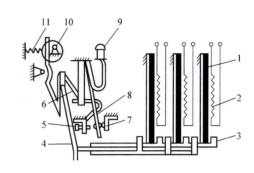

图 5-25　双金属片式热继电器的结构原理图
1—双金属片　2—热元件　3—导板　4—补偿双金属片
5—螺钉　6—推杆　7—静触头　8—动触头
9—复位按钮　10—调节凸轮　11—弹簧

使继电器触点分断，切断控制电路中接触器线圈中的电流，释放接触器主触点从而断开电动机的电源，达到过载保护的目的。

热继电器动作后，待电流恢复正常，双金属片复原后，通过手动或自动复位，使热继电器的动断触点复位。一般在2min内通过按下复位按钮能可靠地手动复位；在5min内能可靠地自动复位。

热继电器的整定电流可通过旋转外壳上的旋钮调节，调整依据为旋钮上的整定电流标尺。热继电器的图形符号和文字符号如图5-26所示。

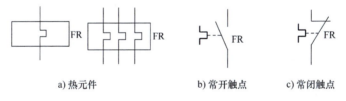

a) 热元件　　　　　b) 常开触点　　　c) 常闭触点

图 5-26　热继电器的图形符号和文字符号

2. 热继电器的主要技术参数

额定电压：热继电器能够正常工作的最高的电压值，一般为交流220V、380V、600V。

额定电流：热继电器的额定电流主要是指通过热继电器的电流。

额定频率：一般而言，其额定频率按照45～62Hz设计。

整定电流范围：整定电流指长期通过发热元件而不致使热继电器动作的最大电流。当发热元件中通过的电流超过整定电流值的20%时，热继电器应在20min内动作。整定电流的范围由本身的特性来决定。

3. 热继电器的选择

热继电器在保护形式上分为两相保护和三相保护两类，两相保护式热继电器内装有两个发热元件。其选择主要根据电动机的额定电流来确定热继电器的型号及热元件的额定电流等级。对星形联结的电动机可选两相保护的热继电器和三相保护的热继电器，对三角形联结的电动机应选带断相保护的热继电器。热继电器的额定电流通常与电动机的额定电流相等。

5.2.4 行程开关

行程开关又称限位开关或位置开关，是一种利用生产机械的某些运动部件来碰撞开关的操作机构而发出控制信号的一种低压电器。行程开关的种类很多，常用的行程开关有按钮式、单轮旋转式和双轮旋转式，它们的外形图如图 5-27 所示。

图 5-27　行程开关的外形图

1. 行程开关的结构与工作原理

行程开关用于控制生产机械的运动方向、行程大小或作为行程保护。各种系列的行程开关其基本结构大体相同，主要由操作机构、触点系统和外壳组成。按钮式行程开关的内部结构示意图如图 5-28 所示。图 5-29 为行程开关的图形符号和文字符号。

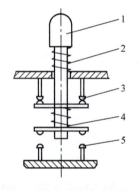 

图 5-28　按钮式行程开关的内部结构示意图　　　图 5-29　行程开关的图形符号和文字符号
1—顶杆　2—弹簧　3—常闭触点
4—触点弹簧　5—常开触点

当生产机械的挡铁压到行程开关的操作机构（顶杆或滚轮）时，触点系统就要动作，其原理和按钮相似，当触点动作时，常闭触点断开，常开触点闭合。按钮式和单轮旋转式可在挡铁移开后自动复位，而双轮旋转式却不能自动复位，只有在生产机械返回时，挡铁碰动另一滚轮时才能复位。

2. 行程开关的选用

主要依据机械位置对开关形式的要求和控制电路对触点的数量要求以及电压、电流等级确定行程开关的型号，其使用场景如图 5-30 所示。

图 5-30 行程开关的使用场景

3. 行程开关的安装

1）在安装板和机械设备上安装行程开关时，应牢固，不得有晃动现象。

2）安装行程开关时，滚轮的方向不能装反，挡铁与其碰撞的位置应符合要求，保证滚轮能准确可靠地与挡铁相碰撞。

5.2.5 时间继电器

时间继电器是一种利用电磁原理或机械动作原理实现触点延时接通或断开的自动控制电器。其种类很多，有电磁式、空气阻尼式、电动式和晶体管式等。图 5-31 为几种常用的时间继电器外形图。图 5-32 为时间继电器的图形符号和文字符号。

图 5-31 几种常用的时间继电器外形图

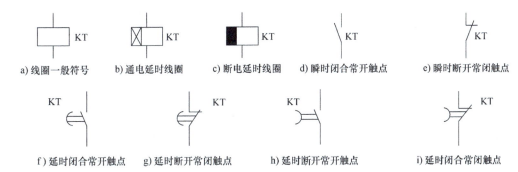

图 5-32 时间继电器的图形符号和文字符号

1. 时间继电器的结构

空气阻尼式（或称气囊式）时间继电器是利用空气阻尼原理获得延时的，它由电磁系统、触点系统和延时机构组成。电磁系统为直动双 E 形，触点系统是两个微动开关（包括两对瞬时动作触点和两对延时动作触点），延时机构采用气囊式阻尼器（包括空气室和传动机构）。

2. 时间继电器的类型

时间继电器分为通电延时型和断电延时型两种方式，只要改变空气阻尼式时间继电器中电磁机构的安装方向，便可实现不同的延时方式：当衔铁位于铁心和延时机构之间时为通电延时，如图 5-33a 所示；当铁心位于衔铁和延时机构之间时为断电延时，如图 5-33b 所示。

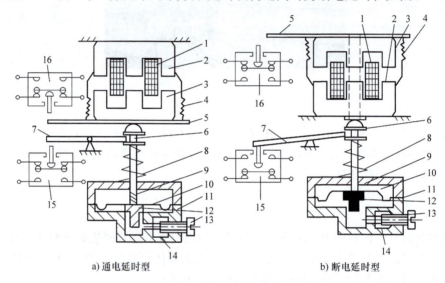

a) 通电延时型　　　　　　　b) 断电延时型

图 5-33　空气阻尼式时间继电器的结构原理图

1—线圈　2—铁心　3—衔铁　4—反力弹簧　5—推板　6—活塞杆　7—杠杆　8—塔形弹簧　9—弱弹簧　10—橡皮膜　11—空气室壁　12—活塞　13—调节螺钉　14—进气孔　15、16—微动开关

通电延时的主要动作特点是：线圈通电后瞬时触点立即动作，延时触点要延时一段时间才动作。线圈失电时，所有触点立即复位。旋动调节螺钉可调节进气孔的大小，从而达到调节延时长短的目的。

断电延时的主要特点是：线圈通电后触点全部瞬时动作，而在线圈断电后瞬时触点立即复位，延时触点要延时一段时间才能复位。

3. 时间继电器的选用

1）选用时间继电器时，延时方式、延时触点和瞬时触点的数量、延时时间、线圈电压等方面应满足电路的要求。

2）精度要求不高的场合选用空气阻尼时间继电器；精度要求很高或延时很长的场合选用电动式；一般情况可选取晶体管式。

4. 时间继电器的安装

1）时间继电器的安装方向必须与产品说明书中规定的方向相同，误差不超过 5°。

2）时间继电器的延时时间应在整定时间范围内，安装时根据需要进行调整，试车时要校正。

3）时间继电器金属底板上的接地螺钉必须与接地线可靠连接。

5.2.6 电磁式继电器

电磁式继电器是以电磁力为驱动力的继电器，能灵敏地对电压、电流变化作出反应，触点数量多但容量较小，主要用来切换小电流电路或用作信号的中间变换。常用的电磁式继电器有电压继电器、电流继电器和中间继电器。图 5-34 为常用的电磁式继电器外形图。

a）电压继电器　　b）电流继电器　　c）中间继电器

图 5-34　常用的电磁式继电器外形图

1. 电磁式继电器的结构与分类

电磁式继电器的结构、工作原理与接触器类似，主要由电磁机构（线圈、静铁心、衔铁）和触点系统组成，但不分主、辅触点，没有灭弧装置，应用时把需要控制的电路接到相应的触点上。

按其在电路中的连接方式，电磁式继电器可分为电压继电器、电流继电器和中间继电器。

（1）电压继电器　电压继电器反映的是电压信号。使用时，电压继电器的线圈与被测电路并联，线圈的匝数多、线径细、线圈阻抗大。根据动作电压值不同，电压继电器可分为欠电压继电器和过电压继电器两种。

（2）电流继电器　电流继电器的线圈与被测电路串联，以反映电路电流的变化。其线圈匝数少，线径粗，线圈阻抗小。电流继电器除用于电流型保护的场合外，还经常用于按电流原则控制的场合。电流继电器有欠电流继电器和过电流继电器两种。

（3）中间继电器　中间继电器在结构上是一个电压继电器，只是触点对数多，各对触点额定电流一样，动作灵敏。主要用途是：当其他继电器的触点对数或触点容量不够时，可借助中间继电器来扩大触点数或触点容量，起到中间转换作用，有时也可用中间继电器直接控制小容量电动机的起动和停止。选用中间继电器时，线圈额定电压必须与输入电压相符合，同时触点的额定容量、数量必须满足电路的要求。中间继电器体积小，动作灵敏度高，并在 10A 以下电路中可代替接触器起控制作用。

电磁式继电器的图形符号和文字符号如图 5-35 所示。电流继电器的文字符号为 KI，电压继电器的文字符号为 KV，中间继电器的文字符号为 KA。

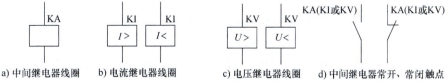

a）中间继电器线圈　b）电流继电器线圈　c）电压继电器线圈　d）中间继电器常开、常闭触点

图 5-35　电磁式继电器的图形符号和文字符号

2. 电磁式继电器的选用原则

1）先了解必要的条件，控制电路的电源电压，能提供的最大电流；被控制电路中的电压和电流；被控电路需要几组、什么形式的触点。选用继电器时，一般控制电路的电源电压可作为选用的依据。控制电路应能给继电器提供足够的工作电流，否则继电器吸合是不稳定的。

2）确定使用条件后，可查找相关资料，确定需要继电器的型号和规格。

3）注意控制柜的容积，若用于一般用途，除考虑控制柜容积外，小型继电器主要考虑安装布局。

5.2.7 速度继电器

速度继电器是用来反映转速与转向变化的继电器。它可以按照被控电动机转速的大小使控制电路接通或断开。速度继电器通常与接触器配合，实现对电动机的反接制动，亦称反接制动继电器。图5-36 为速度继电器外形图，图5-37 为JY1 型速度继电器的结构示意图。

图 5-36　速度继电器外形图

1. 速度继电器的结构与工作原理

速度继电器主要由定子、转子、转轴、绕组、摆杆、静触头和动触头等部分组成，转子是一个圆柱形永久磁铁，定子是一个笼形空心圆环，由硅钢片叠成，并装有笼形绕组。

速度继电器的转轴和电动机的轴通过联轴器相连，定子空套在转子上。当电动机转动时，速度继电器的转子随之转动，定子内的短路导体便切割磁场而产生感应电动势并产生电流，进而产生转矩，定子便开始转动，当转到一定角度时，带动摆杆推动动触头动作，使常闭触点先断开，常开触点随之闭合。当电动机转速低于某一值时，定子产生的转矩减小，动触头在弹簧片作用下复位。

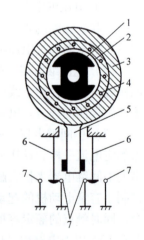

图5-37　JY1 型速度继电器的结构示意图

1—转轴　2—转子　3—定子　4—绕组　5—摆杆　6—动触头　7—静触头

2. 速度继电器的选用

主要根据电动机的额定转速、控制要求等来进行选择。

常用的速度继电器有JY1 型和JFZ0 型两种。其中，JY1 型可在 700～3600r/min 范围内可靠地工作；JFZ0-1 型适用于 300～1000r/min；JFZ0-2 型适用于 1000～3600r/min。它们具有两个常开触点、两个常闭触点，触点额定电压为380V，额定电流为2A。一般速度继电器的转轴在 130r/min 左右即能动作，在 100r/min 时触点即能恢复到正常位置。可以通过螺钉的调节来改变速度继电器动作的转速，以适应控制电路的要求。

3. 速度继电器的安装

1）速度继电器的转轴应与电动机同轴连接。

2）安装接线时，速度继电器的正反向触点不能接错，以保证反接制动时接通和断开反向电流。

5.3　常用低压电器检测训练

5.3.1　操作要领及步骤

1. 多媒体教学

通过观看视频，了解常用低压电器的基本知识。

2. 教师示范讲解

1）指导教师结合实物讲解低压电器的基本结构和工作原理。

2）指导教师结合实物讲解电路图中各元器件与电路图中的文字符号以及同一元器件各部分与其图形符号的对应关系。

3）指导教师示范操作借助数字式万用表检测元器件的方法。

3. 学生操作

根据教师的讲解与示范，让学生 2~3 人为一小组进行交流学习，熟悉元器件的结构、选择与检测方法，为实际布线做准备。

5.3.2　考核与评价

考核学生的知识接受能力、安全规范操作的职业能力等，具体检查内容如下：

1）是否穿戴防护用品。

2）使用的数字式万用表是否符合使用要求，方法是否正确。

3）在操作过程中是否按要求选择、规范检测元器件。

4）各小组之间互相交流检测元器件体会，加深对元器件结构的理解。

5）教师对各组检测元器件情况进行考核和点评，以达到不断优化的目的。考核要求及评分标准见表 5-1。

表 5-1　考核要求及评分标准

项　目	考核内容及评分标准	配　分	扣　分	得　分
元器件的选择	1. 根据所需功能选择元器件不正确，错一次扣 3 分 2. 元器件外观损坏影响使用效果，错一次扣 3 分	15 分		
各元器件与其文字符号的对应关系	1. 不能按电路图中文字符号选择元器件，错一次扣 5 分 2. 不能根据实物选对电路图中的文字符号，错一次扣 5 分	25 分		
同一元器件各部分与其图形符号的对应关系	1. 不能按电路图中文字符号选择元器件对应位置，错一次扣 5 分 2. 不能根据所指实物相应位置选对图形符号，错一次扣 5 分	40 分		

(续)

项　目	考核内容及评分标准	配　分	扣　分	得　分
万用表的使用方法	1. 万用表两只表笔的放置位置不正确，扣 10 分 2. 根据检测内容，万用表的量程选择不正确，错一次扣 5 分	20 分		
合　　计		100 分		
备　　注	根据实际操作的时间、效果进行综合评价			

5.4 【知识拓展】电气图的基本知识及绘制规则

电气控制系统是由电动机和若干电气元件按照一定要求连接组成，以便完成生产过程控制特定功能的系统。为了表达生产机械电气控制系统的组成和工作原理，同时也便于设备的安装、调试和维修，而将系统中各电气元件及连接关系用一定的图样反映出来，在图上用规定的电气图形符号表示各电气元件，并用文字符号做出说明，这样的图叫电气图。一般包括三种：电气原理图、电气元件布置图和电气接线图。

5.4.1 电气原理图

电气原理图是根据电气控制系统的工作原理，采用电气元件展开的形式绘制的。它包括所有电气元件的导电部分和接线端子，但不反映电气元件的实际大小，也不按电气元件的实际位置来绘制，而是根据它在电路中所起的作用画在不同的部位上。其绘制规则如下：

1）电气原理图中的电气元件按未通电和没有受外力作用时的状态绘制。在不同的工作阶段，各个电气元件的动作不同，触点时闭时开。而在电气原理图中只能表示出一种情况。因此，规定所有电气元件的触点均表示在原始情况下的位置，即在没有通电或没有发生机械动作时的位置。对接触器来说，是线圈未通电，触点未动作时的位置；对按钮来说，是手指未按下按钮时触点的位置；对热继电器来说，是常闭触点在未发生过载动作时的位置等。

2）触点的绘制位置。使触点动作的外力方向必须是：当图形垂直放置时为从左到右，即垂线左侧的触点为常开触点，垂线右侧的触点为常闭触点；当图形水平放置时为从下到上，即水平线下方的触点为常开触点，水平线上方的触点为常闭触点。

3）主电路、控制电路和辅助电路应分开绘制。主电路是设备的驱动电路，是从电源到电动机大电流通过的路径；控制电路是由接触器和继电器线圈、各种电器的触点组成的逻辑电路，实现所要求的控制功能；辅助电路包括信号、照明、保护电路。

4）动力电路的电源电路绘成水平线，受电的动力装置（电动机）及其保护电器支路应垂直于电源电路。

5）主电路用垂直线绘制在图的左侧，控制电路用垂直线绘制在图的右侧，控制电路中的耗能元件画在电路的最下端。

6）电气原理图中自左而右或自上而下表示操作顺序，并尽可能减少线条和避免线条交叉。

7）电气原理图中有直接电联系的交叉导线的连接点（即导线交叉处）要用黑圆点表

示。无直接电联系的交叉导线，交叉处不能画黑圆点。

8）在原理图的上方将图分成若干图区，并标明该区电路的用途与作用；在继电器、接触器线圈下方列有触点表，以说明线圈和触点的从属关系。

5.4.2　电气元件布置图

电气元件布置图主要用来表明电气设备上所有电动机、电器的实际位置，是机械电气控制设备制造、安装和维修必不可少的技术文件。电气元件布置图根据设备的复杂程度或集中绘制在一张图上，或将控制柜与操作台的电气元件布置图分别画出。电气元件及设备代号必须与相关电路图和清单上所用代号一致。其绘制规则如下：

1）绘制电气元件布置图时，机床的轮廓线用细实线或点画线表示，电气元件均用粗实线绘制简单的外形轮廓。

2）电动机要和被拖动的机械装置画在一起；行程开关应画在获取信息的地方；操作手柄应画在便于操作的地方。

3）各电气元件之间，上、下、左、右应保持一定的间距，并且应考虑电气元件的散热因素，应便于布线和检修。

5.4.3　电气接线图

电气接线图主要用于安装接线、线路检查、线路维修和故障处理。是根据电气原理图和电气元件布置图编制的。在实际使用中可与电气元件布置图配合使用。接线图通常应表示出设备与元件的相对行程、项目代号、端子号等内容，且各元件的文字符号、连接顺序、线路号码编制都必须与电气原理图一致。其绘制规则如下：

1）绘制电气安装接线图时，各电气元件均按其在安装底板中的实际位置绘出。元件所占图面按实际尺寸以统一比例绘制。

2）绘制电气安装接线图时，一个元件的所有部件绘在一起，并用点画线框起来，有时将多个电气元件用点画线框起来，表示它们是安装在同一安装底板上的。

3）绘制电气安装接线图时，安装底板内外的电气元件之间的连线通过接线端子板进行连接，安装底板上有几条接至外电路的引线，端子板上就应给出几个线的接点。

4）绘制电气安装接线图时，走向相同的相邻导线可以绘成一股线。

5.4.4　电气控制电路分析基础

1. 电气控制电路分析的依据

分析生产机械电气控制电路的依据是生产机械的基本结构、运动情况、加工工艺要求和对电力拖动的要求，以及对电气控制的要求。因为电气控制电路是为生产机械电力拖动服务的，是为其控制要求服务的，所以，分析电气控制电路应明确其控制对象，掌握控制要求，这样才有针对性。

2. 电气原理图的阅读分析方法

电气原理图的阅读分析基本方法是"先机后电，先主后辅，化整为零，集零为整，统观全局，总结特点"。

1）先机后电。首先应了解生产机械的基本结构，运行情况、工艺要求、操作方法，对生产机械的运行有个总体的了解,进而明确对电力拖动自动控制的要求,为阅读和分析电路做好前期准备。

2)先主后辅。先阅读主电路,看设备由几台电动机拖动,各台电动机的作用,结合工艺要求分析电动机的起动方法,有无正反转控制,采取何种制动方式,采用哪些电动机保护,而后再分析控制电路和辅助电路。

3)化整为零。在分析控制电路时,从工艺出发,一个环节一个环节地阅读和分析各台电动机的控制电路,先对各台电动机的控制划分成若干个局部电路,每一个电动机的控制电路又按起动环节、制动环节、反向环节等来分析,然后分析辅助电路,包括信号电路、照明电路等,这部分电路具有相对的独立性,仅起辅助作用,不影响主要功能,但这部分电路是由控制电路中的元件来控制,可结合控制电路一并分析。

4)集零为整,统观全局。在逐个分析完局部电路之后,还应统观全部电路,看各局部电路之间的联锁关系,电路中设有哪些保护环节,以期对整个电路有清晰的理解,对电路中的每个电路,电气元件的每一对触点的作用都了如指掌。

5)总结特点。各种设备的电气控制虽然都是由各种基本控制环节组合而成,但其整机电气控制都有各自的特点,这也是各种设备电气控制区别所在,应很好地总结,只有这样,才能加深对电气控制的理解。

5.5 思考与练习

1. 什么是低压电器?
2. 简述几种常用熔断器的结构与主要用途。
3. 转换开关的主要结构有哪些?
4. 交流接触器的主要结构是什么?
5. 选择交流接触器时主要考虑哪些因素?
6. 简述热继电器的工作原理。
7. 简述速度继电器的选用原则。
8. 电气原理图的分析方法是什么?

问题探讨:多年如一日对质量的坚持,成就了辉煌的正泰。请查阅正泰集团品牌经历,谈谈如何将精益求精的质量意识践行到日常学习和工作中,让自己越来越优秀。

第 6 章

三相异步电动机正反转控制

在实际生产中,许多机械设备往往要求运动部件能完成正反两个方向运动,如机床工作台的前进与后退、起重机的上升与下降等,这些生产机械要求电动机能实现正反转控制。改变通入电动机定子绕组的三相电源相序,即把接入电动机的三相电源进线中的任意两根对调,电动机即可反转。本章主要讨论三相异步电动机的正反转控制电路,为今后研究更复杂的现代化自动控制系统打好基础。

6.1 三相异步电动机正反转控制电路原理

通过本节的学习了解三相异步电动机正反转控制的基本原理,能正确安装和操作双重联锁的正反转控制电路。

6.1.1 三相异步电动机转动原理

1. 电生磁

定子三相绕组 U、V、W,通过三相交流电产生旋转磁场,其转向与相序一致,为顺时针方向,转速 $n_0 = \dfrac{60f}{p}$(式中,n_0 为旋转磁场的转速,又称为同步转速,单位为 r/min;f 为电源频率,单位为 Hz;p 为形成的磁极对数)。

2.(动)磁生电

定子旋转磁场旋转切割转子绕组,在转子绕组中产生感应电动势,其方向由右手螺旋定则确定。由于转子绕组自身闭合,有电流流过,并假定电流方向与电动势方向相同,如图 6-1 所示(假定该瞬间定子旋转磁场方向向下)。

3. 电磁力(矩)

这时转子绕组感应电流在定子旋转磁场作用下,产生电磁力,其方向根据左手螺旋定则判断。该力对转轴形成转矩,于是电动机在电磁转矩的作用下,便顺着电磁转矩的方向旋转。

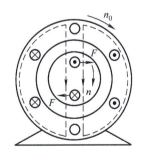

图 6-1 三相异步电动机的转动原理图

由图 6-1 可知,电动机转向与旋转磁场转向一致,而旋转磁场转向与三相电流相序一致,因此异步电动机的转向与三相电流相序一致。改变三相电流相序就能改变三相异步电动机的转向。

6.1.2 三相异步电动机的点动与连续控制

1. 三相异步电动机的点动控制原理

在实际生产中，有些生产机械在试车和调整时，需要电动机较短时间的转动，这就叫点动控制，例如机床的刀架调整、试车，电动葫芦的起重电动机控制等。三相异步电动机点动控制原理图如图 6-2 所示。

其工作过程为：合上 QF，按下起动按钮 SB，接触器 KM 吸引线圈通电，KM 的主触点闭合，电动机 M 通电起动；松开起动按钮 SB 后，KM 线圈断电，KM 的主触点断开，电动机 M 断电停止运行。

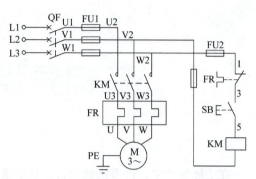

图 6-2 三相异步电动机点动控制原理图

2. 三相异步电动机的连续控制原理

在大多数机械设备中，电动机的拖动是连续的，长时间靠人工手动操作是不现实的，所以必须设计能够让电动机连续运转的控制电路，其原理图如图 6-3 所示。

其工作过程为：合上 QF，按下起动按钮 SB2，接触器 KM 吸引线圈通电，KM 的主触点闭合，常开辅助触点闭合，电动机 M 通电起动；松开起动按钮 SB2 后，由于与 SB2 并联的 KM 常开辅助触点闭合，KM 线圈仍然得电，电动机继续转动，实现持续运行。

用万用表检测连续控制电路

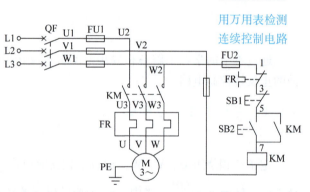

图 6-3 三相异步电动机连续控制原理图

6.1.3 三相异步电动机正反转控制电路分析

三相异步电动机正反转控制原理图如图 6-4 所示，使用的电气元件符号及名称见表 6-1。

表 6-1 电气元件符号及名称

符 号	名 称	符 号	名 称
M	主电动机	SB	总停按钮
QF	低压断路器	SB1	电动机正向起动按钮
FU	熔断器	SB2	电动机反向起动按钮
KM1	电动机正转接触器	FR	电动机过载保护热继电器
KM2	电动机反转接触器		

第 6 章 三相异步电动机正反转控制

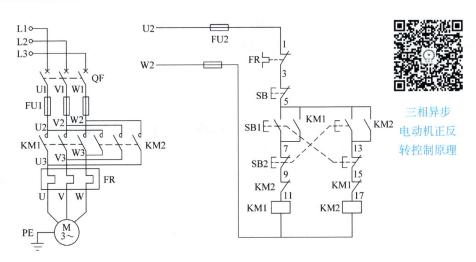

图 6-4 三相异步电动机正反转控制原理图

在主电路中，低压断路器 QF 起接通和隔离电源作用，熔断器 FU 对主电路进行保护，交流接触器主触点控制电动机的起动和停止，使用两个交流接触器 KM1、KM2 来改变电动机的电源相序，当 KM1 通电时，使电动机正转；而 KM2 通电时，使电源 L1、L3 对调接入电动机定子绕组，实现反转控制。由于电动机是长期运行，所以用热继电器 FR 作过载保护，FR 的常闭辅助触点串联在线圈电路中。

在控制电路中，正反转起动按钮 SB1、SB2 都是具有常开、常闭两对触点的复合按钮，SB1 常开触点与 KM1 的一个常开辅助触点并联，常开辅助触点称为"自锁"触点，而触点上、下端的连线称为"自锁线"，其作用就是使接触器线圈保持通电。由于起动后，SB1、SB2 失去控制，常闭按钮 SB 串联在控制电路的主电路，用作停车控制。SB1、SB2 的常闭触点和 KM1、KM2 的各一个常闭辅助触点都串联在相反转向的接触器的线圈电路中，当操作任意一个起动按钮时，SB1、SB2 常闭触点先分断，使相反转向的接触器断电释放，同时确保 KM1（或 KM2）要动作时必须是 KM2（或 KM1）确实复位，因而防止两个接触器同时动作造成相间短路。每个按钮上起这种作用的触点叫"互锁"触点，而两端的接线叫"互锁线"。当操作任意一个按钮时，其常闭触点先断开，而接触器通电动作时，先分断常闭辅助触点，使相反转向的接触器断电释放，起到双重联锁。

电路操作：合上 QF，接通电源。

正向起动：

按下 SB1，SB1 常闭触点分断，实现互锁，SB1 常开触点闭合，KM1 线圈得电，KM1 主触点闭合，电动机正向起动运行。KM1 常闭辅助触点分断，实现互锁，KM1 常开辅助触点闭合，实现自锁。

反向起动：

按下 SB2，SB2 常闭触点分断，实现互锁，KM1 线圈断电，KM1 主触点复位，电动机断电停止，KM1 常开辅助触点复位，解除自锁。KM1 常闭辅助触点复位，解除互锁。SB2 常开触点闭合，KM2 线圈通电，KM2 主触点闭合，电动机反向起动运行。KM2 常闭辅助触点分断，实现互锁，KM2 常开辅助触点后闭合，实现自锁。

停止：

按下 SB，SB 常闭触点分断，KM1（或 KM2）线圈断电，主触点复位，电动机断电停转。常开辅助触点复位，解除自锁，常闭辅助触头复位，解除互锁。

6.2 三相异步电动机正反转控制电路的安装与调试

通过本节的学习，加深对自锁、双重互锁概念的理解；掌握常用的故障检测方法；学会分析、处理控制电路简单的电路故障。

6.2.1 电气元件的检查与安装

1. 检查电气元件（交流接触器以 CJT1-10 为例）

安装接线前，应对所使用的电气元件逐个进行检查，以保证电气元件质量。具体检查项目如下：

1）电气元件外观是否整洁、外壳有无破裂、零部件是否齐全、接线端子及紧固件有无破损和锈蚀等现象。

2）电气元件的触头有无熔焊粘连变形及严重氧化锈蚀等现象，触点闭合分断动作是否灵活，触点开距、超程是否符合要求，压力弹簧是否正常。

3）电气元件的电磁机构和传动部件的运动是否灵活，衔铁有无卡、吸现象和位置是否正常。

4）用万用表检查接触器线圈，阻值应正常，本例约为 $1.8\text{k}\Omega$；检查所有常开、常闭触点是否闭合正常。

5）检查热继电器的热元件和触点的动作情况。

6）核对各电气元件的规格与图样要求是否一致。

2. 安装电气元件

按照接线图规定的位置将电气元件安装在模拟板上，各电气元件之间的距离要适当，既要节省面板，又要方便走线和维修。

1）定位：将电气元件摆放在确定的位置，应排列整齐，以保证在连接导线时做到横平竖直、整齐美观，同时尽可能减少弯折和交叉。

2）固定：应注意在螺钉上加装平垫圈，紧固螺钉时将弹簧垫圈压平，不要用力过大，以免将元器件的塑料底板压裂造成损坏。

3. 布线与要求

（1）电路敷设的基本要求　接线时，必须按接线图规定的走线方位进行。通常从电源端起按接线号顺序接线，先接主电路，后接控制电路。

1）按接线图规定的方位，在固定好的电气元件之间测量所需要的长度，选取长度适当的导线，剥去导线两端绝缘层，其长度应满足连接需要。

2）主、控制电路导线、工作中性线、接地保护线颜色要符合国际要求。

3）走线时，应尽量避免交叉，先将导线校直，再弯向所需的方向。走线应横平竖直，拐直角弯，中间没有接头。做线时，要用手将拐角做成 90°的缓弯，导线弯曲的半径为导线直径的 3~4 倍，不要用钳子将导线做成死弯，以免损伤导线绝缘层和芯线（实习中为了美观，可用钳子轻轻弯折导线）。导线敷设应排成束，并有线夹固定。

4）将成型好的导线套上写好的线号管，对于圆平垫的端子，将芯线弯成圆环按顺时针方向压进接线端子；对于瓦形垫的端子，将芯线直接压进接线端子，端子垫片外裸线最多有 2mm。

5）接线端子应紧固好，必要时装设弹簧垫圈，防止电器动作时因受振动而松动。接线不能松动，露出的线芯不能过长，不能压绝缘层。

6）同一接线端子内最多压接两根导线，这时可套一只线号管，截面大的放在下层，所有线号要用不易褪色的墨水，用印刷体书写清楚。

（2）主电路的连接　按图接线。断路器→熔断器→交流接触器主触点→热继电器→电动机。这一步的难点是交流接触器主触点的连接，三相异步电动机反向运转的转换是通过改变输入到电动机接线端子的三相交流电的相序来实现的。所以把输入电动机的三根电源线的任意两根互换位置即可，这一步的工作通过交流接触器自动完成。

在主电路布线时，一般保证左边线直通，中间线和右边线互换，导线叠加较少。主电路的所有连线将通过电动机的额定电流，最高为起动电流，因此，主电路的所有连线必须和电动机的额定功率相配合。

（3）控制电路的连接　控制电路的连接思路比较简单，基本就是串、并联电路。即每条独立支路串联，正转支路和反转支路并联。

干路：熔断器→热继电器辅助触点→停止按钮→起动按钮。

1）正转支路：起动按钮 SB1（带自锁）→机械互锁 SB2→电气互锁 KM2 常闭触点→KM1 线圈。

2）反转支路：起动按钮 SB1（带自锁）→机械互锁 SB1→电气互锁 KM1 常闭触点→KM2 线圈。

6.2.2　三相异步电动机正反转控制电路的常规检查

1）对照原理图、接线图逐线检查核对，重点检查 KM1 和 KM2 之间的换相线，控制电路按钮、接触器辅助触点之间的连线有无错接、漏接、虚接等，尤其要注意每一对触点的上下端子接线号不可颠倒，同一导线两端线号应相同，不能标错。

2）检查导线与接线端子的接触、紧固情况，排除虚接现象。

3）取下 KM1、KM2 的灭弧罩，不接电源和电动机。用万用表 2kΩ 欧姆档做以下检查：

① 检查主电路：

a）用尖嘴钳按下接触器 KM1 的触点架，将两只表笔分别接在 L1、U，L2、V，L3、W 端子，应分别导通。同时 L1、L2、L3 两两之间应杜绝短路，L1、L2、L3 应与模拟板绝缘良好。

b）用尖嘴钳按下接触器 KM2 的触点架，将两只表笔分别接在 L1、W，L2、V，L3、U 端子，应分别导通。同时 L1、L2、L3 两两之间应杜绝短路，L1、L2、L3 应与模拟板绝缘良好。

② 检查控制电路：将万用表两只表笔分别接在 U2 和 W2 端子上进行以下检查：

a）检查起动、停止控制，分别按下按钮 SB1、SB2，应分别测到 KM1、KM2 线圈电阻值，约为 1.8kΩ；在按下 SB1 或 SB2 同时，再按下 SB 时，万用表应显示电路由通到断，说

用万用表检测正反转控制电路

明起动、停止控制电路正常。

b）检查自锁电路，分别按下 KM1、KM2 触点架，应依次测得 KM1、KM2 线圈的电阻值，约为 1.8kΩ；若不正常时，应检查接触器自锁触点端子接线情况。

c）检查互锁电路，按下 KM1 触点架，应测得 KM1 线圈电阻值，再按下 SB2 时，使其常闭触点分断，万用表显示由通到断；按下 KM2 触点架，应测得 KM2 线圈电阻值，再按下 SB1 时，使其常闭触点分断，万用表显示由通到断；同时按下 SB1 和 SB2 时，KM1 或 KM2 主触点无论是断开或闭合，万用表显示为断开。如以上检查正常，说明按钮互锁无误；若异常，应检查按钮 SB、SB1、SB2 之间的连线是否正常。

6.2.3　三相异步电动机正反转控制电路的通电测试

常规检查正常后，接通三相电源，在指导教师监护下试车。

1. 空载操作试验

电动机未接通的情况下，合上 QF 做以下试验。

1）起动、停止控制。按下 SB1，KM1 应立即动作，并保持吸合状态；按下 SB，KM1 立即释放；再按下 SB2，KM2 立即动作，并保持吸合状态。重复操作几次，检查起动、自锁电路的可靠性。

2）互锁控制。按下 SB1，使 KM1 通电动作；再缓慢轻按 SB2，KM1 应释放，继续将 SB2 按到底，KM2 应通电动作；再缓慢轻按 SB1，KM2 应释放，继续将 SB1 按到底，KM1 又通电动作。重复操作几次，检查互锁控制的可靠性。

2. 带负载试车演示

断开电源，接上电动机引出线，合上 QF。

1）正反向控制，按下 SB1，使电动机正向起动，注意电动机运行时有无异常响声；按下 SB，使 KM1 线圈断电释放，电动机断电；待电动机停止转动后，再按下 SB2，使电动机反向起动，并注意电动机的转向应与上次操作运行的方向相反，按下 SB，KM2 线圈断电释放，电动机断电停止运行。

2）互锁控制，按下 SB1，使电动机正向起动，待电动机达到正常转速后，按下 SB2，使电动机反向运行。观察电动机和控制电路的动作可靠性，但不能频繁操作，而且要待电动机转速正常后，再作换向操作，以防止接触器燃弧或电动机过载发热。

3）如果同时按下 SB1 和 SB2 时，KM1 和 KM2 均不会通电动作。

试车过程中如出现电路打火、接触器振动、电动机嗡嗡响等状况，应立即停车进行检查，重新检查电源、导线、各连接点是否有虚接情况，排除故障后再重新试车。

6.2.4　考核与评价

考核学生在主电路和控制电路部分的装调能力、故障排查能力以及安全规范操作的职业能力等，具体检查内容如下：

1）是否穿戴防护用品。

2）使用的工具、仪表是否符合使用要求。

3）在操作过程中是否有专人监护。

4）在操作过程中是否按操作规程进行操作。

5）主电路和控制电路安装时，工程技术规范是否标准。

6）各小组之间互相评价接线方式和整体质量。

7）教师对各组的装调情况进行考核和点评，以达到不断优化的目的。考核要求及评分标准见表6-2。

表6-2 考核要求及评分标准

项　目	考核内容及评分标准	配　分	扣　分	得　分
电路图分析	1. 电路装调前不进行调查研究，扣5分 2. 元件布置不合理、接线复杂、每个控制部分扣5分	20分		
主电路和控制电路接线、调试	1. 私自接通电源，扣10分 2. 使用仪表和工具不正确，每次扣5分 3. 主电路接线错误，每处扣4分 4. 控制部分接线错误，每处扣2分 5. 损坏电气元件，扣10分 6. 调试不成功，扣20分	70分		
安全文明生产	1. 工具整理不齐，扣5分 2. 环境清洁不合格，扣5分 3. 接线过程中丢失零件，扣5分 4. 出现短路或触电，扣10分	10分		
合　计		100分		
备　注	在一个控制电路中，教师人为设置几个故障点，让学生进行排查。根据排查故障所用时间、效果及方法进行综合评价			

6.3 【知识拓展】电气控制电路与常用低压电器的故障排查

6.3.1 电气控制电路故障排除的常见方法

电气控制电路的故障一般可分为自然故障和人为故障两大类。自然故障是由于电气设备在运行时过载、振动、散热条件恶化等原因造成电气绝缘下降、触点熔焊、电路接点接触不良等情况而形成的。人为故障是由于在安装控制电路时，布线接线错误或修理操作不当等原因造成的。一旦电路发生故障，轻者会使电气设备不能工作，重者会造成人身、设备伤害。因此，电气操作人员应及时查明故障原因并准确地排除。故障诊断可以在不通电的情况下采用万用表电阻法进行，也可以在通电的情况下采用万用表电压法进行。

1. 电阻法

使用万用表的欧姆档通过测量电阻来检查电路，先检查主电路，在切断总电源的情况下合上低压断路器，电路正常时，三根相线应该和异步电动机的三根引线分别相通，如果某一相不通，可以判断这一相有故障，进一步测出断点，排除故障。然后检查控制电路，分别按住正转或者反转起动按钮，控制电路中的一根相线应该和接触器线圈的一根引线相通，另一根相线则和接触器线圈的另一根引线相通，如果出现不通的情况，测量控制电路中各点的电阻值，就可以找到断点，确定故障。采用电阻法测量电路故障时应注意选择好万用表的量程，否则可能导致测量结果不准确。例如，测量触点电阻时，量程不能选得太大，从而掩盖触点接触不良的故障。

2. 电压法

用万用表的电压档通过测量电压来检查电路，先检查控制电路，合上总电源开关，分别按住正转或者反转起动按钮，如果接触器能正常吸合，则控制电路正常；如果不能够吸合，则测量接触器线圈两端是否有380V左右的电压，若有电压，是接触器故障，若没有电压，沿控制电路测量电压，找到断点排除故障。控制电路正常以后，电动机应该能够正常转动，如果不能正常转动，分别测量电动机三根引线间的电压，正常情况下在380V左右，如果不是，则进一步沿电路测量各点电压，找到故障点，排除故障。

3. 短接法

继电—接触器控制电路的故障多为断路故障，如导线断路、虚接、触点接触不良、熔断器的熔体熔断等，对这类故障，用短接法查找往往比用电压法和电阻法更为快捷。检查时，只需用一根绝缘良好的导线将所怀疑的断路部位短接。当短接到某处时，电路接通，说明故障就在该处。但是短接法是带电操作，所以必须注意安全。短接前一定要看清电路，防止接错烧坏电气设备。短接法只适用于检查连接导线及触点一类的故障。对机床等设备的某些重要部位，最好不要使用这种方法，以免考虑不周造成事故。

6.3.2 常用低压电器的故障诊断及排查

低压电器在运行过程中由于使用不当或长期运行、元件老化等原因，不可避免地会出现故障，这就有必要进行故障原因的诊断和故障排查。

1. 低压断路器的故障与排查

低压断路器的常见故障表现为不能合闸、不能分闸、自动掉闸等几种。

（1）手动操作的低压断路器不能合闸　这种故障现象是：低压断路器接通送电后，扳动手柄，无法使它稳定在主电路接通的位置上。可能原因是：失电压脱扣器线圈开路、线圈引线接触不良、储能弹簧变形、损坏。检修时，应注意失电压脱扣器线圈是否正常、脱扣机构是否动作灵活、储能弹簧是否完好无损以及电路上电压是否正常。

（2）电动操作的低压断路器不能合闸　电动操作的低压断路器常用于大容量电路的控制。其故障可能原因与排查方法是：操作电源不合要求，应加以调整；电磁铁损坏或行程不够，应修理电磁铁或调整电磁铁拉杆行程；操作电动机损坏，应排除电动机故障。

（3）失电压脱扣器不能使低压断路器分闸　故障现象为：需要低压断路器分断主电路时，操作失电压脱扣器按钮，低压断路器不动作。可能原因是弹簧反作用力太大或储能弹簧作用力太小，应调整更换有关弹簧；传动机构卡死，应检修传动机构，排除卡塞故障。

（4）工作一段时间后自动掉闸　电路工作一段时间后，低压断路器自动掉闸分断主电路而造成电路停电。可能原因是过载脱扣装置长延时整定值调得太短，应重调；其次可能是热元件或延时电路元件损坏，应及时检查更换。

2. 热继电器的故障与排查

热继电器的主要故障分为不动作和误动作。

（1）热继电器不动作　这种故障现象是：电路过载但热继电器不动作，失去过载保护作用。其可能原因是：电流整定值调得过大；热元件烧断或脱焊；动作机构卡死或导板脱出。修理时可根据负载容量合理调整整定电流，检修热元件或动作机构。

（2）热继电器误动作　电路未过载热继电器自行动作，造成不应有的停电。可能原因是：电流整定值调得太小；热继电器与负载不配套；热继电器受强烈冲击或振动等。检修时应查明原因，合理调整整定电流，或调换与负载配套的热继电器等。

3. 交流接触器的故障与排查

交流接触器主要用于远距离控制功率较大、起动频繁的电动机及其他负载。其故障包括电磁系统故障、触点系统故障和灭弧装置故障等，其中常见故障就是线圈通电后，接触器不动作或动作不正常，以及线圈断电后，接触器不释放或延时释放两大类。

（1）线圈通电后，接触器不动作或动作不正常　线圈通电后接触器不动作或动作不正常的主要原因可能是：线圈控制电路短路，看接线端子有没有断线或松脱现象，及时更换相应导线或紧固相应接线端子；线圈是否损坏，用万用表测量线圈电阻值，如万用表示数为1（使用数字万用表时），则需更换线圈。

（2）线圈断电后，接触器不释放或延时释放　线圈断电后接触器不释放或延时释放的可能原因有：磁系统中无气隙，剩磁过大，将剩磁间隙的极面锉去一部分即可；接触器铁心表面使用一段时间后表面有油腻，将铁心表面防锈油脂擦干净，但不宜过光，否则易造成延时释放；触点抗熔焊性差，在起动电动机或电路短路时，大电流使接触器触点焊牢而不能释放，更换即可。

在电工作业中还会碰到其他故障现象，进行故障分析、排除时要根据实际现象尽可能多地分析产生的原因，并逐一排除，按照安全要求认真操作，确认故障排除及接线正确后再进行送电试运行。

6.4　思考与练习

1. 在电动机正反转控制电路中，为什么必须保证两个接触器不能同时动作？
2. 在控制电路中，短路、过载保护等功能是如何实现的？
3. 什么是自锁和互锁？各有什么意义？
4. 在电动机连续运行电路中，按下起动按钮，电动机转动，松开起动按钮，电动机停转，分析故障原因。
5. 在本实训中接通电源，不按起动按钮接触器就动作，是何处的错误造成的？
6. 试画出用按钮控制实现电动机既可点动又可连续运转的控制电路。

问题探讨：请查阅资料，了解李刚是如何从一名技校生成长为当前国内最顶尖的盾构机电气高级技师的，并谈谈我们要怎样做才能不断充实自己、强大自己、成就自己。

第 7 章

三相异步电动机的顺序控制与行程控制

在机床控制电路中，经常要求电动机有顺序地起动和停止。例如，磨床上要求润滑油泵电动机起动后才能起动主电动机；摇臂钻床中摇臂按松开、移动、夹紧顺序动作；万能铣床在主轴旋转后，工作台方可移动。像这种要求几台电动机的起动或停止必须按一定的先后顺序来完成的控制方式，称为电动机顺序控制。在工业生产中，常常需要对行走机械的运动范围、位置进行控制，或者需要其运动部件在一定范围内自动往返循环等，这称为行程控制或限位控制。例如钻床的刀架、万能铣床的工作台等。行程控制实质是电动机的正反转控制，只是控制电动机停车时，不是由人为操作按钮实现，而是由运行的部件撞击行程开关来实现。本章通过分析三相异步电动机的顺序控制和行程控制，培养读者阅读电气图的能力，进一步掌握分析电气图的方法，加深对生产机械中机械和电气配合的理解，为电气设备的安装、调试和维修打下基础。

7.1 三相异步电动机的顺序控制

通过学习本节内容，应掌握电动机顺序起动、逆序停止控制电路的工作原理，掌握顺序控制电路的安装与调试，学会正确识别、选用、安装时间继电器，会安装与检修简单的继电-接触器控制电路。

7.1.1 主电路实现顺序控制

主电路实现电动机顺序控制原理图如图 7-1 所示。

图中，电动机 M1、M2 分别通过接触器 KM1 和 KM2 来控制，接触器 KM2 的主触点接在 KM1 主触点的下面，这样就保证了在 KM1 主触点闭合，电动机 M1 起动运转后，电动机 M2 才可能接通电源运转。M7120 型平面磨床的砂轮电动机和冷却液泵电动机就采用这种顺序控制电路。

7.1.2 控制电路实现顺序控制

控制电路实现顺序控制是在控制电路上入手，图 7-2 是控制电路实现顺序控制原理图。

在图 7-2a 中，电动机 M2 的控制电路先与 KM1 的线圈并接后再与 KM1 的自锁触点串接，这样就保证了 M1 起动后，M2 才能起动的顺序控制要求。按下停止按钮，M1 和 M2 同时停止。

第 7 章 三相异步电动机的顺序控制与行程控制

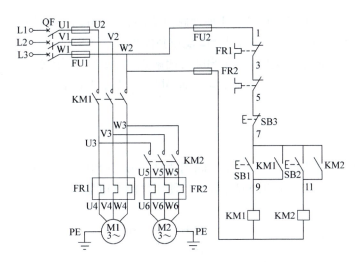

图 7-1 主电路实现电动机顺序控制原理图

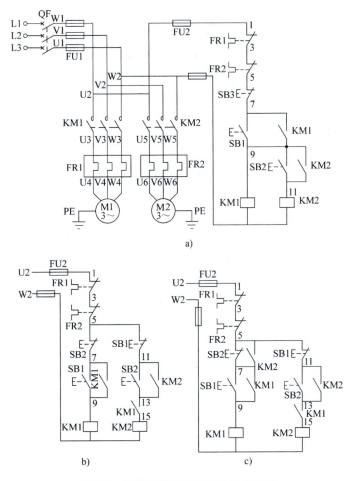

图 7-2 控制电路实现顺序控制原理图

在图 7-2b 中（省略了主电路），在电动机 M2 的控制电路中串接接触器 KM1 的常开辅助触点。只要 M1 不起动，KM1 的常开辅助触点不闭合，KM2 的线圈就不能得电，从而保证两台电动机的起动顺序，在该电路中 M2 能单独停止。

在图 7-2c 中（省略了主电路），在 SB2 常闭触点的两端并接接触器 KM2 的常开辅助触点，从而实现了 M1 起动后，M2 才能起动，而 M2 停止后，M1 才能停止，即两台电动机是顺序起动，逆序停止。

7.1.3 使用时间继电器的顺序控制电路分析

为使当第一台电动机起动后的预定时间到达时，第二台电动机自动起动，就需要使用时间继电器，如多条传送带运输机的起停控制。使用时间继电器实现顺序控制原理图如图 7-3 所示。

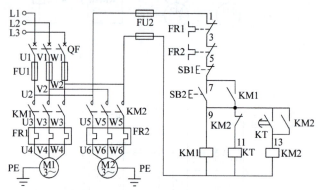

图 7-3　使用时间继电器实现顺序控制原理图

1. 主电路分析

QF 为低压断路器，两台电动机分别由接触器 KM1 和 KM2 的主触点控制，两台电动机均装有熔断器和热继电器，进行短路保护和过载保护。

2. 控制电路分析

SB1 为总停按钮，SB2 为起动按钮，KT 为时间继电器。起动顺序为先起动 M1，延时一段时间后起动 M2，其动作过程为：合上开关 QF，按下按钮 SB2，接触器 KM1 和时间继电器 KT 的线圈同时通电，接触器 KM1 的主触点闭合，电动机 M1 起动，KM1 自锁触点闭合自锁；时间继电器开始计时，当到预定时间时，时间继电器延时闭合的常开触点闭合，接触器 KM2 的线圈得电，KM2 主触点闭合电动机 M2 起动；KM2 自锁触点闭合自锁，KM2 的常闭辅助触点断开，使时间继电器线圈断电。按下停止按钮，KM1 和 KM2 线圈断电，两台电动机同时停止。该电路使用的电气元件符号及名称见表 7-1。

表 7-1　电气元件符号及名称

符　号	名　称	符　号	名　称
M	电动机	KM	交流接触器
QF	断路器	SB1	总停按钮
FU	熔断器	SB2	起动按钮
FR	电动机过载保护热继电器	KT	时间继电器

7.2 三相异步电动机的行程控制

通过本节的学习,学会分析三相异步电动机行程控制的应用实例,即刀架自动循环的电气控制电路,培养读者阅读电气图的能力,进一步掌握分析电气图的方法,加深对生产机械中机械和电气配合的理解。

7.2.1 刀架自动循环电气控制电路的工艺要求

刀架自动循环系统示意图如图7-4所示,采用继电器为主要控制器件,通过控制电动机正反转实现刀架的进退,采用行程开关实现自动循环,利用时间继电器确定无进给切削时间,停车时为了减少辅助工时,采用反接制动来实现快速停车。系统主要由自动循环、无进给切削和快速停车三个环节组成。其工艺要求如下:

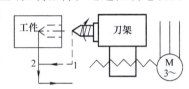

图7-4 刀架自动循环系统示意图

1)自动循环。刀架能自动地由位置1移动到位置2进行加工并自动退回位置1。

2)无进给切削。即刀具到达位置2时不再进给,但钻头继续旋转进行无进给切削以提高工件加工精度。

3)快速停车。当刀架退出后要求快速停车以减少辅助工时。

7.2.2 电路分析

了解了工艺要求后可进行电路分析。刀架自动循环电气控制原理图如图7-5所示,使用的电气元件符号及名称见表7-2。

表7-2 电气元件符号及名称

符 号	名 称	符 号	名 称
M	主电动机	SB1	总停按钮
QF	断路器	SB2	电动机正向起动按钮
FU	熔断器	SB3	电动机反向起动按钮
KM1	电动机正转接触器	FR	电动机过载保护热继电器
KM2	电动机反转接触器	KT	时间继电器
ST	行程开关	KS	速度继电器

1. 主电路

主电路因要求实现刀架自动循环,对刀架的基本要求仍然是起动、停转和反向控制,所以用电动机实现正反转控制,用两个接触器KM1、KM2来实现电源相序的改变。

2. 控制电路

控制电路的基本部分是由起动、停止按钮和正反向接触器组成的基本控制环节,控制电动机正反转,其特殊要求可分为三部分:

(1)自动循环 刀架的自动循环要求当刀架运动到位置2时能自动地改变电动机工作状态。总之控制对象要求控制装置根据控制过程来改变或终止控制对象的运动。在实现刀架自动循环过程中，最理想的方法就是由控制装置直接反映控制过程变化参数——位置，使刀架在运动到位置 2 或 1 时自动发出控制信号进行控制。通常采用直接测量位置信号的元件——行程开关来实现这一要求。采用行程开关 ST1 和 ST2 分别作为测量刀架运动到位置 1 和 2 的测量元件，由它们给出的控制信号通过接触器作用于控制对象。将 ST2 的常闭触点串于正向接触器线圈 KM1 电路中。ST2 的常开触点与反向起动按钮并联。这样，当刀架前进到位置 2 时，ST2 动作，将 KM1 切断；KM2 接通，刀架自动返回。ST1 的任务是使电动机在刀架反向运动到位置 1 时自动停转，故将其常闭触点串联于反向接触器中，刀架退回到位置 1，撞击 ST1，刀架自动停止运动。

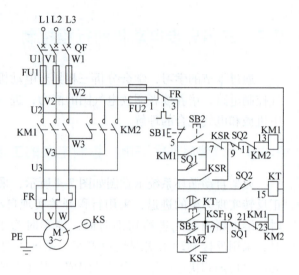

图 7-5　刀架自动循环电气控制原理图

(2) 无进给切削　为了提高加工精度，当刀架移动到位置 2 时，要求在无进给的情况下继续切削，短暂时间后刀架再开始退回。这一控制信号严格讲应根据切削表面情况进行控制。但切削表面不易直接测量，因此不得不采用间接参数——切削时间来表征无进给切削过程。切削时间可采用时间继电器来反映。当刀架到达位置 2 时，撞击行程开关 ST2，使其常闭触点断开，切断正向接触器 KM1，使电动机停止，工作刀架不再进给，但钻头继续旋转进行无进给切削。同时 ST2 的常开触点接通时间继电器 KT 的线圈，开始计算无进给切削的时间。到达预定的无进给切削时间后，时间继电器继续动作，使反向接触器 KM2 线圈通电吸合，于是刀架开始返回。时间继电器的延时时间应根据无进给切削所需要的时间进行调整。

(3) 快速停车　为缩短辅助工时，提高生产效率，应准确停车以减少超行程，因此对该控制系统还提出了快速停车的要求。对于异步电动机来讲，最简单的方法是采用反接制动。制动时使电源反向，制动到接近零速时电动机的电源自动切除。检测接近零速的信号以直接反映控制过程的转速信号最为理想，通常采用速度继电器来实现。电动机的定子经过正、反向接触器 KM1 或 KM2 的主触点接入电源。

欲使电动机正向起动。按下正向起动按钮 SB2，接触器 KM1 自动吸合并自锁，电动机正转。当电动机正向运转时，速度继电器 KS 正向常闭触点 KSF 打开，正向常开触点 KSF 闭合，为制动做好准备。这时因 KM1 在反向接触器 KM2 电路中的互锁触点打开，KM2 不会通电。

要使电动机停转：按下停止按钮 SB1，接触器 KM1 失电释放，反向接触器 KM2 立即吸合，电动机定子电源反相，因而是反接制动。转速迅速下减，当转速接近零速（约 150r/min）时，速度继电器的正向常开触点 KSF 断开，KM2 断电释放，反接制动结束。

在上述过程中，当电动机转速下减、速度继电器的常开触点 KSF 断开以后，其常闭触点 KSF 不是立即闭合的。因而 KM2 有足够的断电时间使铁心释放，其自锁触点放开，所以不会造成反接制动后电动机反向起动。

其整体工作过程分析如下：

按下起动按钮 SB2，接触器 KM1 通电并自锁，主电路通电，电动机正转前进，同时 KM1 的常闭触点断开实现互锁，当正转速度达到 150r/min 左右，速度继电器的正向转速开关 KSF 动作，常开触点闭合，常闭触点断开，为反接制动提供条件。当到达位置 2 时触及行程开关 ST2，ST2 的常闭触点断开，同时其常开触点闭合，KM1 线圈失电，其常开触点断开、常闭触点闭合，线圈 KM2 得电，电动机反转制动，当速度反转到 150r/min 左右时，KSF 常开触点断开、常闭触点闭合，KM2 线圈断电，反接制动停止，实现无进给切削，同时时间继电器 KT 得电，延时开始，延时时间可根据无进给切削时间确定，延时时间到，KT 触点闭合，KM2 得电并自锁，电机反转后退，KM2 常闭触点断开，实现互锁功能。当离开位置 2 时，ST2 的常开触点断开，时间继电器 KT 失电，SQ2 的常闭触点闭合，为 KM1 得电做准备。当反转速度达到 150r/min 时，速度继电器的反向转速开关 KSR 动作，常开触点闭合，常闭触点断开，为反接制动提供条件。当达到位置 1 时触及行程开关 ST1，其常闭触点断开，同时其常开触点闭合，KM2 线圈失电，其常开触点断开、常闭触点闭合，线圈 KM1 得电，电动机反转制动，当速度反转到 150r/min 左右时，KSR 常开触点断开、常闭触点闭合，由于电动机没来得及离开位置 1，所以 ST1 常开触点还一直闭合，线圈 KM1 不断电，电动机正转前进，离开位置 1，ST1 的常开触点断开、常闭触点闭合，为 KM2 的得电做准备，由 KM1 的自锁功能使电动机一直正转，实现自动循环功能。

7.2.3　电路安装与测试

1. 检查、选择电气元件和导线

对照电气原理图检查、选择电气元件，使其外观完整无损，性能正常，检查配线板、导线、工具等是否充足、正常。

2. 摆放、固定电气元件

先确定交流接触器的位置并将其水平放置后，再确定其他元器件的位置。要求元器件的摆放既要整齐、均匀、合理又要方便安装、便于检修。最后划线确定准确位置并进行元器件的固定。

3. 布线

按电气图进行布线，先布主电路，再布控制电路。

4. 检查电路

按电路图从电源端开始，逐段核对接线及接线端子处的线号，重点检查主电路有无漏接、错接现象及控制电路中容易接错的地方。

检查主电路和控制电路的熔体是否选择正确。

检查热继电器常闭触点接线是否正确、牢固。

检查导线压接是否牢固，接触器接线是否良好，以免带负载运转时产生打火现象。

用万用表检查电路的通断：先断开控制电路，用欧姆档检查主电路有无短路或开路现象，再断开主电路，检查控制电路有无开路或短路现象。

5. 接通电源，运转电动机

接通三相电源，合上电源开关，依次按下起动、停止按钮，观察接触器的动作是否正确。反复操作，正确无误后接上电动机运转。

6. 断开电源，整理现场

电动机运转正常，即试车成功后，先撤去电源，再撤去电动机，然后将导线拆下，整理实训仪器及工具，清理工作台周围杂物。

7.3 三相异步电动机顺序控制与行程控制电路布线训练

7.3.1 实施过程

1. 教师讲解示范

1）教师详细讲解、演示各元件的结构与动作原理。
2）对照原理图，讲解电路图中各个环节的作用。
3）对照电路图讲解接线过程中的注意事项，示范正确的线圈弯法。
4）强调熔断器的接线要正确，以确保用电安全。
5）重点强调接触器联锁触点接线必须正确，否则将会造成主电路中两相电源短路事故。
6）讲解、示范如何查找与排除电路故障。
7）强调带电试车时，必须有指导教师在现场监护，并要确保用电安全。

2. 学生操作

根据教师给出的图样，让学生 2~3 人为一小组进行讨论，弄清各元器件对应的具体位置；掌握电路安装与检查调试的具体步骤与方法选择。确定电路的安装与检查方法、实施步骤，写出具体安装调试方案；按照各自方案在模拟电气控制柜上操作练习。

7.3.2 考核与评价

考核学生在主电路和控制电路部分的装调能力、故障排查能力以及安全规范操作的职业能力等，具体检查内容如下：

1）是否穿戴防护用品。
2）使用的工具、仪表是否符合使用要求。
3）在操作过程中是否有专人监护。
4）在操作过程中是否按操作规程进行操作。
5）主电路和控制电路安装时，工程技术规范是否标准。
6）各小组之间互相评价接线方式和整体质量。
7）教师对各组的装调情况进行考核和点评，以达到不断优化的目的。考核要求及评分标准见表 7-3。

表 7-3 考核要求及评分标准

项 目	考核内容及评分标准	配 分	扣 分	得 分
电气图分析	1. 电路装调前不进行调查研究，扣 5 分 2. 元件布置不合理、接线复杂、每个控制部分扣 5 分	20 分		

(续)

项　目	考核内容及评分标准	配　分	扣　分	得　分
主电路控制电路接线、调试	1. 私自接通电源，扣10分 2. 使用仪表和工具不正确，每次扣5分 3. 主电路接线错误，每处扣4分 4. 控制电路接线错误，每处扣2分 5. 损坏电气元件，扣10分 6. 调试不成功，扣20分	70分		
安全文明生产	1. 工具整理不齐，扣5分 2. 环境清洁不合格，扣5分 3. 接线过程中丢失零件，扣5分 4. 出现短路或触电，扣10分	10分		
合　计		100分		
备　注	在一个控制电路中，教师人为设置几个故障点，让学生进行排查。根据排查故障的时间、效果及方法进行综合评价			

7.4　【知识拓展】三相异步电动机的起动与制动

7.4.1　三相异步电动机起动方法的选择和比较

电动机的起动就是把电动机定子绕组与电源接通，使电动机的转子由静止加速到一定转速稳定运行的过程。笼型异步电动机的起动方法有直接起动和减压起动两种，其中减压起动又包括自耦变压器减压起动、Y-△减压起动和转子串电阻减压起动3种方法。

1. 直接起动

直接起动的优点是所需设备少、起动方式简单、成本低。电动机直接起动的电流是正常运行的5倍左右，理论上来说，只要向电动机提供电源的电路和变压器的容量大于电动机容量的5倍以上的，都可以直接起动。这一要求对于较小容量的电动机容易实现，所以较小容量的电动机绝大部分都是直接起动的，不需要减压起动。对于较大容量的电动机来说，一方面是提供电源的电路和变压器的容量很难满足电动机直接起动的条件，另一方面强大的起动电流冲击电网和电动机，影响电动机的使用寿命，对电网不利，所以大容量的电动机和不能直接起动的电动机都要采用减压起动。

直接起动可以用胶木开关、铁壳开关、空气开关（断路器）等实现电动机的近距离操作、点动控制、速度控制、正反转控制等，也可以用限位开关、交流接触器、时间继电器等实现电动机的远距离操作、点动控制、速度控制、正反转控制、自动控制等。

2. 自耦变压器减压起动

采用自耦变压器减压起动，电动机的起动电流及起动转矩与其端电压的平方成比例降低，在相同的起动电流的情况下能获得较大的起动转矩。如起动电压减至额定电压的65%，其起动电流为全压起动电流的42%，起动转矩为全压起动转矩的42%。

自耦变压器减压起动的优点是可以直接人工操作控制，也可以用交流接触器自动控制，经久耐用，维护成本低，适合所有的空载、轻载起动异步电动机使用，在生产实践中得到了广泛应用。缺点是人工操作要配置比较贵的自耦变压器箱（自耦补偿器箱），自动控制要配置自耦变压器、交流接触器等起动设备和元件。

3. Y-△减压起动

定子绕组为△联结的电动机，起动时接成Y联结，转速度接近额定转速时转为△运行，采用这种方式起动时，每相定子绕组电压降低到电源电压的 $1/\sqrt{3}$，起动电流为直接起动时的 1/3，起动转矩为直接起动时的 1/3。起动电流小，起动转矩小。

Y-△减压起动的优点是不需要添置起动设备，有起动开关或交流接触器等控制设备就可以实现，缺点是只能用于运行时△联结并且三相绕组头尾端都引出的电动机，大型异步电动机不能重载起动。

4. 转子串电阻减压起动

绕线转子式三相异步电动机的转子绕组通过集电环与电阻连接。外部串接电阻相当于转子绕组的内阻增加了，减小了转子绕组的感应电流。从某个角度讲，电动机又像是一个变压器，二次电流小，相当于变压器一次绕组的电动机励磁绕组的电流就相应减小。根据电动机的特性，转子串接电阻会减低电动机的转速，提高起动转矩，有更好的起动性能。

在这种起动方式中，由于电阻是常数，将起动电阻分为几级，在起动过程中逐级切除，可以获取较平滑的起动过程。

根据上述分析知：要想获得更加平稳的起动特性，必须增加起动级数，这就会使设备复杂化。采用在转子上串频敏变阻器的起动方法，可以使起动更加平稳。

频敏变阻器起动原理：当电动机定子绕组接通电源电动机开始起动时，由于串接了频敏变阻器，电动机转子转速很低，起动电流很小，故转子频率较高，$f_2 \approx f_1$，频敏变阻器的铁损很大，随着转速的提升，转子电流频率逐渐减低，电感的阻抗随之减小。这就相当于起动过程中电阻的无级切除。当转速上升到接近于稳定值时，频敏电阻器短接，起动过程结束。

转子串电阻或频敏变阻器虽然起动性能好，可以重载起动，由于只适合于价格昂贵、结构复杂的绕线转子式三相异步电动机，所以只是在起动控制、速度控制要求高的各种升降机、输送机、行车等行业使用。

7.4.2 三相异步电动机的制动方法及优缺点

三相异步电动机切除电源后，由于惯性总要转动一段时间才能停下来。为了提高生产效率，保证安全运行，有些生产工艺常常要求电动机能够迅速停转，这就要求对拖动的电动机进行制动，其方法有两大类：机械制动和电气制动。

机械制动是采用机械装置使电动机断开电源后迅速停转的制动方法。如电磁抱闸、电磁离合器等电磁铁制动器。

电气制动是指电动机在切断电源的同时给电动机一个和实际转向相反的电磁力矩从而使电动机迅速停转的方法。最常用的方法有：反接制动和能耗制动。

1. 反接制动

反接制动是在电动机切断正常运转电源的同时，改变电动机定子绕组的电源相序，使之有反转趋势而产生较大的制动力矩的方法。在电动机速度接近零时，应及时切除反接电源，实际控制中采用速度继电器来自动切除。其原理图如图 7-6 所示。

反接制动控制电路和正反转电路相同。由于反接制动时转子与旋转磁场的相对转速较高，约为起动时的 2 倍，致使定子、转子中的电流很大，大约是额定值的 10 倍，因此反接制动电路增加了限流电阻 R。KM1 为运转接触器，KM2 为反接制动接触器，KS 为速度继电器，与电动机联轴，当电动机的转速上升到约为 100r/min 的动作值时，速度继电器的常开触点闭合为制动做好准备。

反接制动制动力强，制动迅速，控制电路简单，设备投资少，但制动准确性差，制动过程中冲击力大，易损坏传动部件。因此适用于 10kW 以下小容量的电动机。

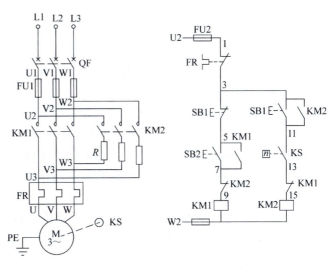

图 7-6 三相异步电动机反接制动电路原理图

2. 能耗制动

能耗制动是在电动机被按下停止按钮断开三相电源的同时，定子绕组任意两相接入直流电源，产生静磁场，利用转子感应电流与静止磁场的作用，产生电磁制动力矩而制动。其电路原理图如图 7-7 所示。

能耗制动的特点是制动平稳、准确、能量消耗小，但需要附加直流电源装置，设备投资高，制动力较弱，在低速时制动力矩小。主要用于容量较大的电动机制动或制动频繁的场合及制动准确平稳的设备，如磨床、立式铣床等的控制，但不适合紧急制动停车。

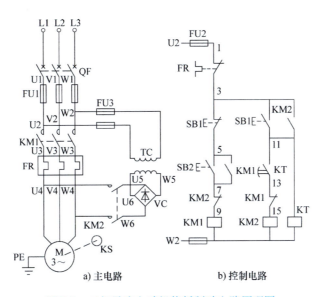

a) 主电路　　　　　b) 控制电路

图 7-7 三相异步电动机能耗制动电路原理图

7.5　思考与练习

1. 三相异步电动机有哪几种起动方法？各有什么优缺点？
2. 反接制动的原理是什么？
3. 试画出按时间顺序起动的两台三相异步电动机的控制电路，即按下起动按钮使 M1 起动，经过一定时间后 M2 自行起动，按下停止按钮使 M1、M2 同时停止。
4. 刀架自动循环电路测试时，若通电后电动机无反应，则可能是什么错误？
5. 试设计一台电动机拖动小车的控制电路。要求能正反转并能实现在 A、B 两点间的自动往复运动。要求绘出主电路和控制电路。

问题探讨：中国高铁的发展历程充满了坚持、创新和追求卓越的精神。请查阅资料，了解中国高铁的崛起之路，谈谈如何理解"坚持科技是第一生产力、人才是第一资源、创新是第一动力"。

第 8 章

CA6140型卧式车床的电气控制

CA6140 型卧式车床是一种高效率的加工机械,在机械加工和机械修理中得到了广泛的应用。CA6140 型卧式车床通过按钮和手柄操作机械和电气设备,通过不同大小的齿轮传动进行转速的调整,是机械与电气联合工作的典型控制。本节通过分析 CA6140 型卧式车床的电气控制系统,进一步掌握电气控制电路的组成以及各种基本控制电路在具体的电气控制系统中的应用,同时增强学生电工知识的综合应用能力,培养工程观念、团体协作精神和创新能力,提高学生的综合素质。

8.1 CA6140 型卧式车床的工作原理

8.1.1 CA6140 型卧式车床的结构布局

CA6140 型卧式车床是车床中的经典型号,它主要进行各种轴类、盘类零件回转表面的加工,是一种普通精度级的机床,主要由主轴箱、进给箱、床身、尾座、溜板箱、丝杠、光杠、刀架和床腿等几部分组成,其外形与结构图如图 8-1 所示。

图 8-1　CA6140 型卧式车床外形与结构图

1—主轴箱　2—进给箱　3—左床腿　4—溜板箱　5—右床腿　6—光杠
7—丝杠　8—床身　9—尾座　10—刀架

主轴箱的作用是支承主轴传动及其旋转，包含主轴及其轴承、传动机构、起停及换向装置、制动装置、操纵机构和滑润装置。

进给箱的作用是变换被加工螺纹的种类和导程，以及获得所需的各种进给量。它通常由变换螺纹导程和进给量的变速机构、变换螺纹种类的移换机构、丝杠和光杠转换机构以及操纵机构等组成。

溜板箱的作用是将丝杠或光杠传来的旋转运动转变为直线运动并带动刀架进给，控制刀架运动的接通、断开和换向等。

刀架用来安装车刀并带动其作纵向、横向和斜向进给运动。

车床有两个主要运动，一个是卡盘或顶尖带动工件的旋转运动，另一个是溜板带动刀架的直线移动，前者称为主运动，后者称为进给运动。中、小型普通车床的主运动和进给运动一般采用一台异步电动机驱动。此外，车床还有辅助运动，如溜板和刀架的快速移动、尾架的移动以及工件的夹紧与放松等。根据车床的运动情况和工艺要求，车床对电气控制提出如下要求：

1）主拖动电动机选用三相笼型异步电动机，并采用机械变速。
2）为实现螺纹车削，主轴要求能正、反转，采用机械方法来实现。
3）主轴电动机可直接起动，其起动和停止采用按钮控制。
4）车削加工时，需用切削液对刀具和工件进行冷却。因此，设有一台冷却泵电动机，拖动冷却泵输出切削液。
5）冷却泵电动机与主轴电动机有联锁关系，即冷却泵电动机应在主轴电动机起动后才可选择启动与否。当主轴电动机停止时，冷却泵电动机立即停止。
6）为实现溜板箱的快速移动，由单独的快速移动电动机拖动，且采用点动控制。
7）电路应有必要的保护环节、安全可靠的照明电路和信号电路。

8.1.2　CA6140 型卧式车床的控制电路分析

CA6140 型卧式车床的电气控制系统电路原理图如图 8-2 所示，安装接线图如图 8-3 所示，使用的电气元件符号与名称见表 8-1。

表 8-1　电气元件符号与名称

符　号	名　称	符　号	名　称
M1	主轴电动机	FU1～FU4	熔断器
M2	冷却泵电动机	SB1	停止按钮
M3	刀架快速移动电动机	SB2	主轴电动机起动按钮
KM1	主轴电动机接触器	SB3	刀架快速移动按钮
KM2	冷却泵电动机接触器	SA	转换开关
KM3	刀架快速移动电动机接触器	FR1	主轴电动机过载保护热继电器
QS1	电源控制开关	FR2	冷却泵电动机过载保护热继电器
QS2	照明控制开关	HL	信号灯
EL	照明灯		

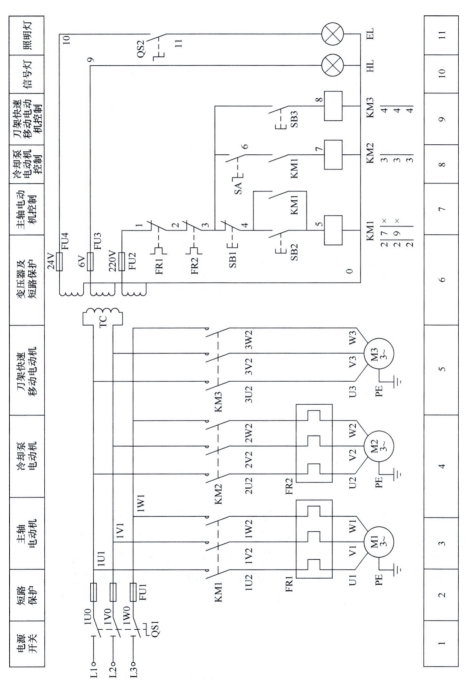

图 8-2 CA6140 型卧式车床的电气控制系统电路原理图

108　电工电子技术实训教程　第 2 版

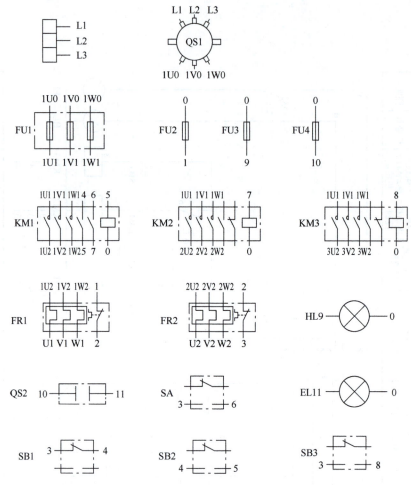

图 8-3　CA6140 型卧式车床的安装接线图

8.1.3　主电路分析

由图 8-2 可知，主电路共有三台电动机。其中 M1 为主轴电动机，由接触器 KM1 控制；M2 为冷却泵电动机，由接触器 KM2 控制；M3 为刀架快速移动电动机，由 KM3 控制。主轴电动机 M1 拖动主轴带动工件进行回转运动，热继电器 FR1 作为主轴电动机 M1 的过载保护；热继电器 FR2 作为冷却泵电动机 M2 的过载保护；刀架快速移动电动机 M3 因是点动控制，工作时间较短，选用的电动机功率较小，未设置过载保护。熔断器 FU1 做短路保护。

8.1.4　控制电路分析

1. 主轴电动机 M1 的控制

主轴电动机 M1 的控制包括主轴起动和主轴停转。

变压器 TC 二次侧输出 220V 电压，为主轴电动机控制电路提供电源，主轴电动机 M1 起动前，应首先选择好主轴的转速，然后合上电源开关 QS1。按下起动按钮 SB2，接触器 KM1 线圈得电，KM1 主触点和辅助常开触点闭合，主轴电动机 M1 起动并自锁；按下停止按钮

SB1，接触器 KM1 线圈失电，KM1 主触点和辅助常开触点均断开，主轴电动机 M1 停转。

2. 冷却泵电动机 M2 的控制

主轴电动机 M1 起动后，接触器 KM1 常开触点闭合，此时旋转转换开关 SA 使其闭合，接触器 KM2 线圈得电，冷却泵电动机 M2 起动。旋转转换开关 SA 断开，或主轴电动机停转后，接触器 KM1 辅助常开触点断开，冷却泵电动机 M2 停转。

3. 刀架快速移动电动机 M3 的控制

控制按钮 SB3 安装在进给操作手柄顶端，将操作手柄扳到所需的方向，按下 SB3，接触器 KM3 主触点闭合，M3 起动；松开 SB3，M3 停转。

4. 照明电路控制

变压器 TC 的二次侧输出 24V 电压，为照明灯 EL 提供电源，熔断器 FU4 做短路保护。当开关 QS2 接通时，照明灯 EL 亮，断开 QS2，EL 灭。

5. 信号灯电路控制

当 QS1 接通后，变压器二次侧输出 6V 电压，为信号灯 HL 提供电源，信号灯 HL 亮，表示车床开始工作；熔断器 FU3 做短路保护。

8.2 CA6140 型卧式车床电气控制电路的安装与维修

8.2.1 CA6140 型卧式车床电气控制电路的安装与布线

1. 主电路的连接

把三相电源通过端子排引入电源开关 QS1，再接主轴电动机接触器 KM1 的主触点，依次再接热继电器 FR1 的热元件，热继电器 FR1 的热元件连接主轴电动机 M1。QS1 同时接熔断器 FU1，再通过接触器 KM2 的主触点接入热继电器 FR2 的热元件，热继电器 FR2 的热元件连接冷却泵电动机 M2。FU1 同时通过接触器 KM3 的主触点连接刀架快速移动电动机 M3。

2. 控制电路的连接

变压器一次侧接三相电源其中两相，二次侧为控制电路提供相应的电压。熔断器 FU2 接热继电器 FR1 辅助常闭触点后接 FR2 的辅助常闭触点，再依次接入停止按钮 SB1 的常闭触点、SB2 的常开触点后接到接触器 KM1 的线圈，KM1 的辅助常开触点进行自锁控制。从 FR2 辅助常闭触点后并联 SB3 与 SA，SB3 的常开触点接到接触器 KM3 的线圈，SA 的常开触点经 KM1 的辅助常开触点后接到 KM2 的线圈。变压器 6V 输出侧经过熔断器 FU3 接信号灯 HL，变压器 24V 输出侧经过熔断器 FU4 和 QS2 接照明灯 EL。

3. 检查电路

不接电源，用万用表做以下检查。

（1）检查主电路

1）检查主轴电动机控制。将开关 QS1 置于接通状态，按下接触器 KM1 的触点架，L1 和 U1、L2 和 V1、L3 和 W1 应分别导通；同时 L1、L2、L3 两两之间应杜绝短路，L1、L2、L3 应与模拟板绝缘良好。

2）检查冷却泵电动机控制。将开关 QS1 置于接通状态，按下接触器 KM2 的触点架，L1 和 U2、L2 和 V2 、L3 和 W2 应分别导通。同时 L1、L2、L3 两两之间应杜绝短路，L1、

L2、L3 应与模拟板绝缘良好。

3）检查刀架快速移动电动机控制。将开关 QS1 置于接通状态，按下接触器 KM3 的触点架，L1 和 U3、L2 和 V3、L3 和 W3 应分别导通。同时 L1、L2、L3 两两之间应杜绝短路，L1、L2、L3 应与模拟板绝缘良好。

（2）检查控制电路　确保 FU2 完好的前提下，拔下 FU2，万用表选择合适量程，再将万用表两只表笔分别接在 0 和 1 端子上，做以下检查：

1）检查主轴电动机控制。按下 SB2，应测到 KM1 线圈电阻值；按下 SB2 的同时，再按下 SB1，若万用表显示由通到断，说明起动、停止控制线路正常；按下 KM1 触点架，应测得 KM1 线圈的电阻值；按住 KM1 触点架的同时，再按下 SB1，若万用表显示由通到断，说明自锁、停止控制线路正常。

2）检查冷却泵电动机控制。按下 SB3，应测得 KM3 线圈电阻值。

3）检查刀架快速移动电动机控制。手动按下 KM1 触点架的同时，将 SA 旋至接通，应测到 KM2 线圈的电阻值。

4）接通电源与电动机。接通三相电源，合上电源开关，依次按下起动按钮、停止按钮和转换开关，观察接触器的动作是否正确。反复操作，正确无误后，接上电动机，观察电动机是否正常运转。

5）断开电源，整理现场。电动机运转正常，即试车成功后，先撤去电源，再撤去电动机，然后将导线拆下，整理实训仪器及工具，清理工作台周围杂物。

8.2.2　CA6140 型卧式车床电气控制电路的常见故障分析与排除

1. 常见故障分析

CA6140 型卧式车床电气控制电路与机械系统的配合十分密切，其电气控制电路的正常工作往往与机械系统的正常工作分不开，这是车床电气控制电路的特点。正确判断是电气还是机械故障及熟悉机电部分配合情况，是迅速排除设备故障的关键。这就要求维修人员不仅要熟悉电气控制电路的工作原理，而且还要熟悉机械系统的工作原理及机床操作方法。下面通过几个实例来叙述 CA6140 型卧式车床的常见故障及其排除方法，见表 8-2。

表 8-2　CA6140 型卧式车床的常见故障与排除方法

故障现象	原　因	故障点	检查方法
主轴电动机 M1 不能起动	主电路断路	接触器 KM1	用万用表检查接触器主触点接触是否良好
	控制电路断路	按钮 SB1、SB2	用万用表检查接线是否正确
		接触器 KM1 线圈	用万用表检查线圈是否得电
		熔断器 FU2	用万用表检查触点接触是否良好
		热继电器 FR1、FR2	用万用表检查热继电器辅助常闭触点接线是否良好
主轴电动机 M1 不能停车	接触器主触点熔焊	接触器 KM1 线圈	用万用表检查接触器触点是否粘连或熔焊
	停止按钮 SB1 短路	按钮 SB1	用万用表检查接线是否正确
主轴电动机 M1 不能自锁	接触器 KM1 辅助常开触点接触不良	接触器 KM1 辅助常开触点	用万用表检查触点接触是否良好

（续）

故障现象	原因	故障点	检查方法
冷却泵电动机不能起动	开关断路	转换开关 SA	用万用表检查触点接触是否良好
	接触器 KM1 辅助常开触点不闭合	接触器 KM1 辅助常开触点	用万用表检查触点接触是否良好
照明灯不亮	开关断路	开关 QS2	用万用表检查触点接触是否良好
	变压器异常	变压器 TC	用万用表检查变压器二次侧电压是否正确
	熔断器 FU4 断路	熔断器 FU4	用万用表检查触点接触是否良好

在实际检查时，还必须考虑到由于机械磨损或移位使操纵失灵等因素，若发现此类故障原因，应与机修钳工互相配合进行修理。

2. 根据所学知识与故障排除方法，完成车床排故实训

模拟车床故障，进行故障排除实训，并完成故障检修报告，见表 8-3。

表 8-3 CA6140 型卧式车床的故障检修报告

机床名称与型号	
故障现象	
故障原因分析	
故障确认方法	
故障排除措施	
故障排除耗时	

8.2.3 考核与评价

考核学生在主电路和控制电路部分的装调能力、故障排查能力以及安全规范操作的职业能力等，具体检查内容如下：
1) 是否穿戴防护用品。
2) 使用的工具、仪表是否符合使用要求。
3) 在操作过程中是否有专人监控。
4) 在操作过程中是否按操作规程进行操作。
5) 主电路和控制电路安装时，工程技术规范是否标准。
6) 各小组之间互相评价接线方式和整体质量。
7) 教师对各组的装调情况进行考核和点评，以达到不断优化的目的。考核要求及评分标准见表 8-4。

表 8-4　考核要求及评分标准

项　目	考核内容及评分标准	配　分	扣　分	得　分
电路图分析	1. 电路装调前不进行调查研究，扣 5 分 2. 电气元件布置不合理，接线复杂，每个控制部分扣 5 分	20 分		
主电路控制电路接线、调试	1. 私自接通电源，扣 10 分 2. 使用仪表和工具不正确，每次扣 5 分 3. 接线错误，每处不正确扣 2 分 4. 调试时，故障排除思路不清楚，扣 5 分 5. 每少排查一个故障点，扣 5 分 6. 调试方法不正确，扣 10 分	70 分		
安全文明生产	1. 工具整理不齐，扣 5 分 2. 环境清洁不合格，扣 5 分 3. 接线过程中丢失零件，扣 5 分 4. 出现短路或触电，扣 10 分	10 分		
合计		100 分		
备注	在一个控制电路中，教师人为设置几个故障点，学生进行排查。根据排查故障的时间、效果及方法进行综合评价。			

8.3　思考与练习

1. 简述 CA6140 型卧式车床的结构及运动形式。
2. CA6140 型卧式车床控制电路对主轴电动机采取了哪些保护？是如何实现的？
3. 转换开关 SA 的作用是什么？
4. 如果主轴电动机不能运行中停车，试分析其原因。
5. 如果冷却泵电动机不能正确起动，试分析故障原因。
6. 主轴电动机与冷却泵电动机是如何实现互锁的？
7. 信号灯在什么状态下亮起？
8. 如果照明灯不能正常亮起，试分析其原因。

问题探讨：请查阅资料，了解中国机床的发展历程，简述我国机床行业现状。

第三部分

电子技术实训

电子技术实训通过让学生亲手完成电子电路的安装调试等一系列任务来使学生了解和掌握电子产品的生产工艺流程。通过实际操作训练让学生能够熟悉掌握常用的电子元器件的测试技术、焊接技术、电路图的识图技术，完成简单的电子电路的调试。在整个实训过程当中潜移默化加以引导，培养学生严谨、细致、实干的工作作风。

第 9 章

手工焊接技术及常用工具、仪器仪表的使用

焊接实质上就是将元器件高质量连接起来最容易实现的方法，焊接工艺的质量对电路和整机的性能指标和可靠性都有很大的影响。熟练的焊接技术是组建电子产品的最基本的技能之一，只有正确地掌握焊接要领，能熟练操作，才能在电子装配中提高工作效率，保证工作质量。

9.1 电烙铁及手工焊接技术

通过本节的学习了解电烙铁的种类、结构、维护方法以及常见的焊接方式，掌握锡焊的步骤、焊接要领、注意事项、焊点的质量检验方法以及不良焊点产生的原因，熟练掌握手工焊接技术。

9.1.1 电烙铁简介

1. 常用电烙铁的种类

电烙铁是手工焊接的基本工具，常用电烙铁按发热方式分有外热式和内热式两种。

外热式电烙铁如图 9-1 所示，它是把电烙铁的铜头插入发热元件内加热的。调整头部温度较方便。但外热式电烙铁热量利用率较低，传热时间较长。

内热式电烙铁是直接把发热元件（发热丝）插入电烙铁铜头空腔内加热的，这样发热元件可直接把热量完全传到烙铁头上。显然传热速度要快些，热量的损失也小些，如图 9-2 所示。

图 9-1 外热式电烙铁

图 9-2 内热式电烙铁

2. 简测烙铁温度

烙铁使用温度为 300℃ 左右，在施焊过程中，可用焊锡来估计烙铁的温度，方法如下：

用焊锡接触烙铁头，若焊锡熔化并向四面伸展，即表示烙铁温度正常；若焊锡熔化后立即缩成圆珠状，表示烙铁温度过热。若焊锡不熔化或者成糊状，表示烙铁的温度过低。电烙铁工作时要放在特制的烙铁架上，防止烫伤或烫坏其他物品。电烙铁的拿法如图 9-3 所示，

有笔握式和拳握式两种，焊接小型元器件一般采取笔握式拿法。

a) 笔握式

a) 拳握式

图 9-3　电烙铁的拿法

3. 烙铁头处理及电烙铁简单故障判断与排除

在电子装配中一般选择功率较小的电烙铁，瓦数为 20～40W，烙铁头的形状一般是锥形或圆斜面形。如果电烙铁经常使用，烙铁头氧化或出现凹痕会影响烙铁的正常使用，通常可以切断电烙铁电源待烙铁头冷却后除去氧化层和凹痕，重新接通电源将处理好的烙铁尖上镀锡，以保证电烙铁能良好的"吃锡"，这是非常关键的。注意镀锡的部位不要太大否则影响焊接质量。

电烙铁插到电源上经 2～3min 会达到正常工作温度，如果不热首先检查电源是否有电，可观察接在同一电源接线板上其他电烙铁是否发热，或直接用万用表交流 750V 档测量插座两端电压是否为 220V 来确定。然后检查电烙铁本身的故障，用万用表欧姆档测量 20W 的电烙铁插头两端的电阻，其正常电阻值应为 2.4kΩ 左右。如果万用表显示"1"，则说明电路中有断路的地方。若万用表显示"0"，则说明电路中有短路的地方。这时可将电烙铁绝缘柄拧下，观察电源线与烙铁心相接的位置有无断路、短路现象并加以修复。如果正常，再用万用表测量与烙铁心两端相接的接线柱，来判断是否是烙铁心烧坏。阻值为"∞"说明烙铁心损坏需要更换，若烙铁心正常则检查连接线是否有断路。

4. 焊锡丝

常用焊锡丝是铅锡合金按照一定比率配比而成，中间空心加有助焊剂，电子装配用的焊锡丝直径为 1mm 左右。在使用过程中尽量减少用手握焊锡丝的时间，以免汗液氧化焊锡丝。焊锡丝的拿法如图 9-4 所示，进行连续焊接时采用图 9-4a 所示的拿法，图 9-4b 所示的拿法只适用于焊接几个焊点或断续焊接。

a) 连续焊接时　　　b) 只焊几个焊点时

图9-4　焊锡丝的拿法

9.1.2　焊接方式

在电子装配中，元件和电路的锡焊方式一般为四种，即绕焊、钩焊、搭焊和插焊。

1. 绕焊

绕焊是将被焊元器件的引脚或导线端头等在焊件上缠绕一圈半，以增加接点强度的焊接方法。采用这种方式焊接强度最牢。

2. 钩焊

钩焊是将被焊元器件的引脚或导线端头等插入焊孔改变其方向，形成钩状的焊接方法。钩焊能使元器件和导线不易脱离，但机械强度不如绕焊。它适用于不便绕焊但要求有一定机械强度的接点上。

3. 搭焊

搭焊是将元器件引脚或线端头等贴在焊件上的焊接方法。这种焊接方式适用于要求便于调整和改焊的焊接点上，通常进行测试调试或电路板焊盘无插孔时采用这种焊接方式。

4. 插焊

插焊是将元器件引脚或导线端头等插入焊孔，与电路板成垂直进行焊接的焊接方式，它适用于带孔插头座、插针、插孔和印制电路板的焊接，是电子装配中采用最多的焊接方式。

9.1.3 手工焊接工艺

1. 焊接步骤

焊接步骤如图9-5所示。

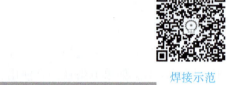

焊接示范

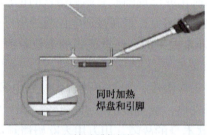

a) 对焊点进行加热

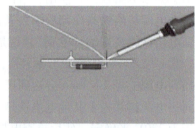

b) 加入适量焊锡丝

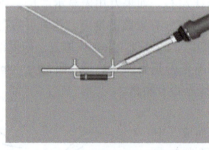

c) 移开焊锡丝

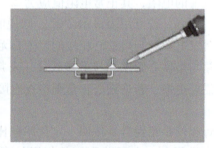

d) 移开电烙铁

图9-5 焊接步骤

1）对焊点进行加热：烙铁尖与焊盘以及待焊件引脚相接触，均匀加热整个焊点，如图9-5a所示。

2）加入适量焊锡丝：当焊点达到一定温度时，将焊锡丝置于焊点，但不能接触电烙铁。观察焊点形状，此时焊锡遇热自然熔化向四周展开布满整个焊盘，直到焊点形状符合标准焊点为止，如图9-5b所示。

3）移开焊锡丝：当焊锡浸湿焊点时，及时撤离焊锡丝，如图9-5c所示。

4）移开电烙铁：待焊锡全部浸润焊点，从斜上方45°迅速移开电烙铁，如图9-5d

所示。

按上述步骤进行焊接是获得良好焊点的关键之一。在实训中，最容易出现的一种违反操作步骤的做法就是烙铁头不是先与被焊件接触，而是先与焊锡丝接触，熔化的焊锡滴落在尚未预热的被焊部位，这样很容易产生焊点虚焊，**所以烙铁头必须先与被焊件接触，对被焊件进行预热是防止产生虚焊的重要手段。**

2. 焊接要领

（1）烙铁头与两个被焊件的接触方式

1）接触位置：烙铁头应同时接触要相互连接的两个被焊件（如引脚与焊盘），烙铁一般倾斜45°，应避免只与其中一个被焊件接触。当两个被焊件热容量悬殊时，应适当调整烙铁倾斜角度，烙铁与焊接面的倾斜角越小，使热容量较大的被焊件与烙铁的接触面积增大，热传导能力加强。两个被焊件能在相同的时间里达到相同的温度，被视为加热理想状态。

2）接触压力：烙铁头与被焊件接触时应略施压力，热传导强弱与施加压力大小成正比，但以对被焊件表面不造成损伤为原则。

（2）焊锡丝的供给方法　焊锡丝的供给应掌握3个要领，即供给时间、供给位置和供给数量。

1）供给时间：原则上是被焊件升温达到焊料的熔化温度时立即送上焊锡丝。

2）供给位置：应在烙铁与被焊件之间并尽量靠近焊盘。

3）供给数量：应看被焊件与焊盘的大小，焊锡盖住焊盘后焊锡高于焊盘直径的1/3既可。

（3）焊接时间　在焊接过程中掌握好焊接时间，以焊接一个锡点在2~4s最为合适。

（4）焊接注意事项

1）焊接前应观察各个焊点焊盘是否光洁、氧化等。

2）在焊接物品时，要看准焊点，以免电路焊接不良引起短路。

3）要时刻保持烙铁头的清洁，以便减少焊接时间，提高焊接质量。

4）焊接时要使烙铁头紧靠元器件的引脚和焊盘，以便使被焊接金属均能同时受热加温。

5）如果第一次焊接不太满意需要修理焊点时，对同一焊点要隔一段时间，使该焊点有一个降温过程。

3. 标准焊点及不良焊点产生的原因

标准焊点如图9-6所示。标准焊点有以下特点。

1）焊点呈内弧形。

2）焊点要饱满、光滑、无针孔、无松香渍且浸润良好。

3）焊点要有清晰的引线轮廓，无包焊、无锡尖。

4）焊点有较好的机械强度，无虚焊，无松香焊剂和残锡。

5）相邻较近且不在一个焊盘的两个焊点不能互相连接。

6）焊锡应覆盖整个焊盘，至少覆盖95%以上。

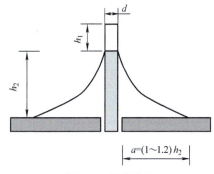

图9-6　标准焊点

图9-6中，$d \geq 1.0$mm时，$h_1 = 0.3 \sim 1$mm，$h_2 = 0.5 \sim 1.5$mm；$d < 1.0$mm时，$h_1 = 0.2 \sim 0.7$mm，$h_2 = 0.5 \sim 1.1$mm。

几种不良焊点的示意图及产生原因见表9-1。

表 9-1　几种不良焊点的示意图及产生原因

不良焊点的形貌	说　明	原　因
虚焊-1	元器件引脚未完全被焊料润湿，焊料在引脚上的润湿角大于 90°	1. 元器件引脚可焊性不良 2. 元器件热容大，引脚未达到焊接温度 3. 助焊剂选用不当或已失效 4. 引脚局部被污染
虚焊-2	印制电路板焊盘未完全被焊料润湿，焊料在焊盘上的润湿角大于 90°	1. 焊盘可焊性不良 2. 焊盘所处铜箔热容大，焊盘未达到焊接温度 3. 助焊剂选用不当或已失效 4. 焊盘局部被污染
不润湿	元器件引脚和印制电路板焊盘完全未被焊料润湿，焊料在焊盘和引脚上的润湿角大于 90°且回缩呈球形	1. 焊盘和引脚可焊性均不良 2. 助焊剂选用不当或已失效 3. 焊盘和引脚被严重污染
半边焊	元器件引脚和印制电路板焊盘均被焊料良好润湿，但焊盘上焊料未完全覆盖，插入孔时有露出	1. 器件引脚与焊盘孔间隙配合不良，$D-d>0.5\mathrm{mm}$（D：焊盘孔径，d：元器件引脚直径） 2. 元器件引脚包封树脂部分进入插入孔中
拉尖	元器件引脚端部有焊料拉出呈锥状	1. 波峰焊时，峰面流速与印制电路板传输速度不一致 2. 波峰焊时，由于预热温度不足导致热容大的焊点的实际焊接温度下降 3. 波峰焊时，助焊剂在焊点脱离峰面时已无活性 4. 焊料中杂质含量超标
气孔	焊点内外有针眼或大小不等的孔穴	1. 波峰焊时，预热温度或时间不够，导致助焊剂中溶剂未充分挥发 2. 波峰焊时，设备缺少有效驱赶气泡装置（如喷射波） 3. 元器件引脚或印制电路焊盘在化学处理时化学品未清洗干净 4. 金属化孔内有裂纹且受潮气侵袭

9.2　了解电子装配中常用工具及仪器仪表的使用方法

通过本节内容的学习，了解万用表和毫伏表的结构、各部分功能、使用方法和注意事项；了解示波器面板功能按钮、控制旋钮、使用方法、注意事项；掌握信号发生器的使用方法；掌握直流稳压电源的调节方法、注意事项。

9.2.1 万用表

1. 万用表简介

万用表是一种多功能、多量程的便携式电工电子仪表。一般的万用表可以测量直流电流、直流电压、交流电压和电阻等。有些万用表还可测量电容、电感、功率、晶体管共射极直流放大系数 hFE 等。所以万用表是电工电子实训的必备的仪表之一。按其内部结构不同可划分为指针式和数字式两种万用表。

万用表的使用方法

指针式万用表是以机械表头为核心部件构成的多功能测量仪表，所测数值由表头指针指示读取；数字万用表所测数值由液晶屏幕直接以数字的形式数显示，同时还带有某些语音的提示功能，现在多以数字万用表为主流。数字万用表的特点是显示直观，有较高的准确度和分辨率，测量速度快、测量功能强，输入阻抗高，抗干扰能力强，图 9-7 所示为 DT9205 型数字万用表。

（1）各个量程介绍

Ω：欧姆档：分 200Ω，2kΩ，20kΩ，200kΩ，2MΩ，20MΩ，200MΩ 七档。

V～：交流电压档：分 200mV，2V，20V，200V，750V 五档。

V=：直流电压档：分 200mV，2V，20V，200V，1000V 五档。

A=：直流电流档：分 2mA，20mA，200mA，20A 四档。

A～：交流电流档：分 2mA，20mA，200mA，20A 四档。

hFE：晶体管电流放大倍数 β 测量，分 NPN 和 PNP 两种型号晶体管的插孔。

Cx：电容容量测量，分 200μF，2μF，200nF，20nF，2nF。

(((·：二极管测量，电路通断测量。

（2）表笔接线方法及开关按钮说明　黑表笔始终插在标有 COM（公共端）的插孔，红表笔根据测量参数的不同选择相应的插孔。测量电阻、电压、二极管正负极性以及电路通断时，插在最右侧标有 VΩ 的端子上。测量大于等于 200mA 的电流时接最左侧标 20A 的插孔，测量小于 200mA 的电流时接左边第二个标 mA 的插孔。测试电容器容量 Cx 或晶体管电流放大倍数 β 时两表笔悬空或不接，直接用相应插槽测试即可。按下电源开关即电源开关置于 ON 位置显示屏显示"000"或"1"表示初始值为"0"或无穷（数字万用表用"1"也表示无穷）。

（3）电阻的测量方法　红表笔插入"VΩ"插孔中，根据电阻的大小选择适当的电阻测

图 9-7　DT9205 型数字万用表
1—显示屏　2—电源开关　3—量程选择旋钮
4—表笔　5—hFE 插座　6—LED 指示灯

量量程，先搭接红黑表笔，短接时电阻应该显示为"0"，然后红、黑两表笔分别接触电阻两端，观察读数即可。特别是测量在电路板上的电阻时，应先把电路的电源关断且断开一个引脚，否则电阻在电路中形成串并联电路将影响测量阻值。测量电阻时，不能两只手同时抓住两引脚以及两只表笔以免并入人体电阻。禁止用欧姆档测量电流或电压（特别是交流220V电压），否则容易损坏万用表。另外，利用欧姆档还可以定性判断电容的好坏。先将电容两极短路（用一支表笔同时接触两极，使电容放电），然后将万用表的两支表笔分别接触电容的两个极，观察显示的电阻读数。若一开始时显示的电阻读数很小（相当于短路），然后电容开始充电，显示的电阻读数逐渐增大，最后显示的电阻读数变为"1"（相当于开路），则说明该电容是好的。若按上述步骤操作，显示的电阻读数始终不变，则说明该电容已损坏（开路或短路）。特别注意的是，测量时要根据电容的大小选择合适的电阻量程，例如 $47\mu F$ 用 $200k$ 档，而 $4.7\mu F$ 则要用 $2M$ 档等。

（4）交、直流电流的测量　红表笔插入相应插孔中，根据测量电流的大小选择适当的电流测量量程，将万用表串联在被测电路中。测量直流时，红表笔接触电压高一端，黑表笔接触电压低的一端，正向电流从红表笔流入万用表，再从黑表笔流出，当要测量的电流大小不清楚的时候，先用最大的量程来测量，然后再逐渐减小量程来精确测量。

（5）交、直流电压的测量　红表笔插入"VΩ"插孔中，根据电压的大小选择适当的电压测量量程，将表笔与被测电路并联，黑表笔接触电路"地"端或电源"－"极输出端子，红表笔接触电路中待测点或电源"＋"极。特别要注意，数字万用表测量交流电压的频率很低（45～500Hz），中高频率信号的电压幅度应采用交流毫伏表来测量。

（6）电容器容量测量　红黑表笔悬空或不接，根据电容的大小选择适当的电容测量量程。将电容器两引脚不用区分正负极性直接插入 Cx 测试插座中，即可以直接从显示屏上读取电容容量值。

（7）二极管极性测量　将功能、量程开关转到"((((·"位置，两表笔分别测二极管两个引脚，正反两次测量，一次显示示数为 1（无穷大），一次有示数显示。有示数的一次红表笔接的是二极管的正极。数字万用表红表笔接万用表内部电池正极，黑表笔接万用表内部电池负极。

（8）晶体管 β 值测试　功能量程开关转到 hFE 档两表笔悬空，首先要确定待测晶体管是 NPN 型还是 PNP 型，然后将其管脚正确地插入对应类型的测试插座中，即可以直接从显示屏上读取 β 值。

（9）电路通断检测　红表笔插入最右侧插孔，将功能、量程开关转到"((((·"位置，两表笔分别测试待测点，测量导线或印制电路板走线有无断路，如果电路正常导通万用表会发出嗡鸣声，且右侧 LED 指示灯会亮。用此方法也可以判断电路是否有短路。

2. 数字万用表读数方法及使用注意事项

（1）读数方法　数字万用表读数方法与指针万用表读数方法不同，指针万用表直接读数然后乘以量程倍率。数字万用表直接进行读数，读数后加入量程上的单位即可。并且数字万用表的小数点精确度是根据量程进行自动变化的。测量晶体管电流放大倍数 β 值时不加单位。

（2）使用中的注意事项　当万用表的电池电量即将耗尽时，液晶显示器左上角显示电池电量低提示。会有电池符号显示，此时电量不足，若仍进行测量，测量值会比实际值偏高。DT 9205 型数字万用表有自动关机功能,经过一段时间会自动关机,重新按动电源开关即可再次开机。不使用万用表时电源开关置于关闭状态,以节省电池的电量。在测量电压、电流时,若屏上的数值为"1",则表明量程太小,应加大量程后再测;若在数值左边出现"-",则表明表笔极性与实际电源极性相反,此时红表笔接的是负极。严禁在测量高电压或大电流的过程中拨动开关。严禁带电测试电路中的电阻值,或万用表拨到电流档后与测试电路并联。

9.2.2 毫伏表

1. 毫伏表面板图与说明

HG2172 型交流毫伏表面板图如图 9-8 所示,其说明如下。

1)显示窗口,显示窗口内的表头指示输入信号的幅度。

2)调零电位器,开机预热后,在测量前,调节表头指针归零。

3)电源指示灯,电源接通时,指示灯亮,表示毫伏表已开始工作。

4)电源开关,将电源开关向下拨即为"关"位置,将电源线接入,将电源开关向上拨可以接通电源。

5)量程旋钮,开机前,应将量程旋钮调至最大处,然后,当信号送至输入端后,调节量程旋钮,使表头指针指示在表头的适当位置。

6)输出端,当仪器做放大器使用时的输出端。

7)输入端,接测量的输入信号。

2. 技术指标

1)测量范围:1mV~300V。

2)误差:基准条件下电压的固有误差±3%满刻度。

3)测量电压的频率范围:5Hz~2MHz。

3. 使用方法

(1)开机前的准备

1)将测量用的红、黑两色鳄鱼夹短接。

2)将量程旋钮旋至最高量程处。

(2)操作步骤

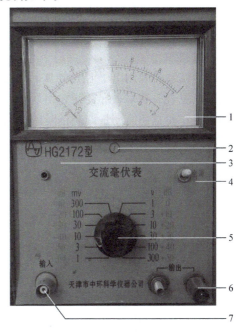

图 9-8 HG2172 型交流毫伏表面板图
1—显示窗口 2—调零电位器 3—电源指示灯
4—电源开关 5—量程旋钮
6—输出端 7—输入端

1)按下电源开关,电源指示灯亮,仪器开始工作,为了保证仪器稳定性,需预热 10s 后开始使用,开机后 10s 内指针无规则摆动属正常。

2)将输入测试探头上的红、黑两鳄鱼夹分开后分别接被测电路的正端与接地端,观察表头指针位置,若指针在起始点位置基本没动,则表明被测电路中电压较小且毫伏表量程选择过高,此时用递减法由高到低变换量程,直到表头指针位于满刻度的 2/3 左右为止。

4. 注意事项

1) 避免过冷或过热，不可将毫伏表长期暴露在日光下或靠近热源的地方，其工作温度应在 0～40℃。

2) 应避免在强烈振动的地方使用，否则会导致仪器操作故障。

3) 毫伏表对电磁场较为敏感，所以不可在具有强烈磁场的地方使用，也不可将磁性物体靠近毫伏表。

4) 毫伏表额定电压为 220V，使用时要注意不要超过其额定值。

5) 测量电路时，其黑色夹子应始终接在电路的地上，以防干扰。

6) 毫伏表灵敏度较高，打开电源后，在较低量程时由于干扰信号的作用，指针会发生偏转，称为自起现象。所以在不测量时，应将量程旋钮旋至较高量程，以防打弯指针。

9.2.3 示波器

1. 简介

示波器是利用电子射线的偏转来复现电信号瞬时值图像的一种仪器。不但可以像电压表、电流表、功率表那样测量信号幅度，也可以像频率计、相位计那样测量信号周期、频率和相位；而且还能测量调制信号的参数，估计信号的非线性失真等。图 9-9 所示为 SS-7802 型示波器的前面板图。

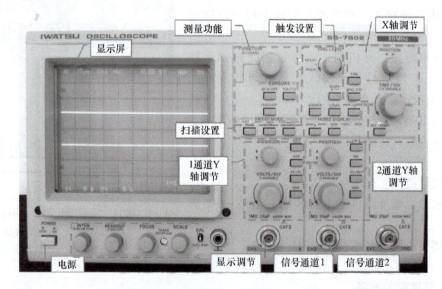

图 9-9　SS-7802 型示波器的前面板图

面板按钮功能介绍：

1) POWER：电源开关，按下接通、抬起关断。

2) INTEN：辉度调节旋钮，调整波形亮度。

3) READOUT：读出旋钮，调整字符亮度。

4) FOCUS：聚焦旋钮，调整波形或字符清晰度。

5) SCALE：标尺旋钮，调整屏幕标尺网格亮度。

6) POSITION◀▶：水平位移旋钮，调整波形水平位置。

7）POSITION▲▼：垂直位移旋钮，调整波形垂直位置。

8）TRIG LEVEL：触发电平旋钮，调节实现触发扫描同步。

9）AUTO 按钮：自激扫描，适合 50Hz 以上信号观测。

10）CH1、CH2：输入端子，连接输入信号通道 1、通道 2。

11）CH1、CH2：按钮，用于选择该通道示波。

12）SOURCE：触发源按钮，选择触发信号。

13）VOLT/DIV：偏转因数旋钮，调整偏转因数。

14）TIME/DIV：扫描时间旋钮，调整波形扫描时间。

2. 简单调节示波器

1）打开电源，进行显示调节，分别调节显示调节区域的"灰度""亮度"和"聚焦"旋钮。

2）调节基准线，选择某一通道，输入端接标准信号。然后调节纵向和横向位置上的调节旋钮，波形左右、上下移动即可，另一通道调节方法类似。

3）波形测试，输入端接测试信号，调节横向纵向位置旋钮，输入波形同样可以左右、上下移动。调节扫描时间调节旋钮可选择合适的扫描时间。根据显示刻度在显示屏上读取并算出相应波形的参数。

9.2.4 信号发生器

1. 简介

高频信号发生器能产生某些特定的周期性时间函数波形（正弦波、方波、三角波、锯齿波和脉冲波等）信号，频率范围可从几个微赫到几十兆赫，函数信号发生器在电路实验和设备检测中具有十分广泛的用途。例如在通信、广播、电视系统中，都需要射频（高频）发射，这里的射频波就是载波，把音频（低频）、视频信号或脉冲信号运载出去，就需要能够产生高频的振荡器。除供通信、仪表和自动控制系统测试用外，还广泛用于其他非电测量领域。图 9-10 为 YB1602 型函数信号发生器。

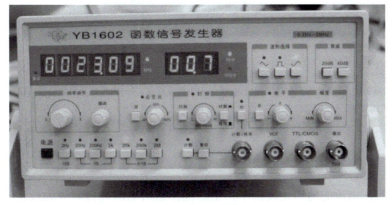

图 9-10　YB1602 型函数信号发生器

2. 使用方法

1）开启电源，开关指示灯显示。

2）选择合适的信号输出形式（锯齿波、方波或正弦波）。

3）选择所需信号的频率范围，按下相应的档级开关，适当调节微调器，此时微调器所指示数据同档级数据倍乘为实际输出信号频率。

4）调节信号的功率幅度，适当选择衰减档级开关，从而获得所需功率的信号。

5）从输出接线柱分清正负，连接信号输出插线。

9.2.5 直流稳压电源

1. 简介

在电子产品的研发和检测中，直流稳压电源应用广泛，它可以替代电池供电，并模拟各种供电状况，包括过电压、欠电压、标准电压等。有些高端的稳压电源还能模拟电池的内阻工作，为产品研发提供更接近实际的实验数据。直流稳压电源的意义在于可以替代电池提供稳定、可控的直流电源，其输出的电压稳定程度要优于普通电池。直流稳压电源的输出电压易于控制，可满足各种应用的需要。通常，用于实验和维修的直流稳压电源都安装有电压和电流表指示装置，以实时监控电源输出状态，使用起来比临时用万用表测量供电电压和电流方便实用得多。不少多功能的直流稳压电源还具备恒流源功能、电压跟踪功能、可调过电流保护功能等，进一步扩展了直流稳压电源的应用，图9-11为SS1792型可跟踪直流稳压电源。

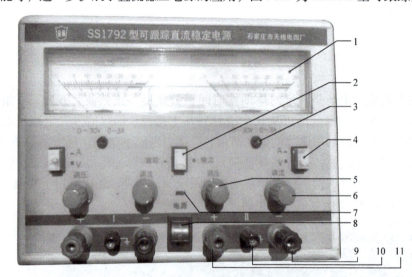

直流稳压电源
调试方法

图9-11　SS1792型可跟踪直流稳压电源

1—输出显示表头　2—工作方式选择按钮　3—表头调零旋钮　4—输出显示参数选择按钮
5—调压旋钮　6—调流旋钮　7—电源指示灯　8—电源开关　9—负极输出接线端子
10—接地端子　11—正极输出接线端子

2. 调节使用方法

直流可调稳压电源的使用比较简单，主要操作是对电源进行对应的设定。以SS1792型直流稳压电源为例说明调节稳压电源输出电压的方法。

1）接通电源。

2）在不接负载的情况下，打开电源开关，电源指示灯亮。此时，电源指示表头上即显示出当前工作电压或输出限流。

3）调节输出电压，通过调节调压旋钮，使电压表显示出目标电压，完成电压设定。

4）设置限流电流。调节调流旋钮，使限流数值达到预定水平。一般限流可设定在常用最高电流的 120%。

3. 使用注意事项

1）在接负载或通电前先将调压旋钮逆时针旋转到头，保证直流稳压电源输出电压为"0" V，以免输出电压过高烧坏调试产品或电路。接负载或通电前调流旋钮顺时针旋转到头，保证输出限流为最大。

2）调节较小输出电压时，如 2V 以下输出，最好使用数字万用表电压档测量输出端电压，以保证有较好的精确度。

3）每次重新连接测试电路后要重新用万用表校准输出电压。

4）禁止使用万用表电流档或欧姆档带电测试稳压电源输出端。

5）禁止短接直流稳压源的输出端或接地端。

9.3 【知识拓展】焊接质量的检查

焊接结束后为保证焊接质量，一般都要进行质量检查。由于焊接检查与其他生产工序不同。没有一种机械化、自动化的检查测量方法，因此主要是通过目视检查、手触检查和通电检查发现问题。

9.3.1 目视检查

目视检查就是从外观上检查焊接质量是否合格，也就是从外观上评价焊点有什么缺陷。目视检查的主要内容有：

1）是否有漏焊？漏焊是指应该焊接的焊点没有焊上。
2）焊点的光泽好不好？
3）焊点的焊料足不足？
4）焊点的周围是否有残留的焊剂？
5）有没有连焊，焊盘有没有脱落？
6）焊点有没有裂纹？
7）焊点是不是凹凸不平？焊点是否有拉尖现象？

9.3.2 手触检查

手触检查主要是指用手触摸元器件时，是否有松动、焊接不牢的现象。用镊子夹住元器件引脚，轻轻拉动时，有无松动现象。焊点在摇动时，上面的焊锡是否有脱落现象。

9.3.3 通电检查

在外观检查结束以后诊断连线无误，才可进行通电检查，这是检验电路性能的关键。如果不经过严格的外观检查，通电检查不仅困难较多，而且有可能损坏设备仪器，造成安全事故。例如电源连线虚焊，那么通电时就会发现设备加不上电，当然无法检查。

通电检查可以发现许多微小的缺陷，例如用目视检查不到的电路桥接，但它同时对于内部虚焊的隐患不容易觉察。所以根本的问题还是要提高焊接操作的技艺水平，不能把问题留给检验工作去完成。通电检查故障与分析如图 9-12 所示，可供参考。

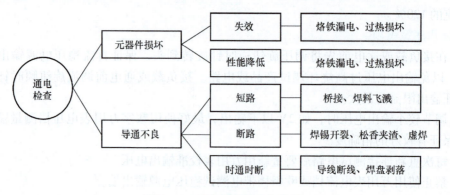

图 9-12　通电检查故障与分析

9.4　思考与练习

1. 如何简单判断电烙铁的温度？
2. 什么样的焊点才是标准焊点？
3. 如何使用万用表测试电阻阻值、二极管正负极性及晶体管电流放大倍数？
4. 如何调节直流稳压电源使其输出电流大于 20mA，输出电压为 1.68V？

问题探讨：请查阅资料，了解中国高科技产业的发展现状。

第 10 章

常用电子元器件的识别与测量

随着电子工业的飞速发展，电子产品及相关设备日新月异，技术含量越来越高，结构也越来越复杂，若想正确地掌握、使用、维修甚至是制作这些产品，就首先要认识这些电子电路中的各种电子元器件，了解它们的性能、基本工作原理及其在整个电子电路中的作用。

10.1 常用电子元器件简介

通过学习本节内容，了解常用电子元器件在电路中的作用，熟悉电子元器件分类、标称方法、引脚极性等，掌握万用表测量电子元器件的基本方法。

10.1.1 电阻器

1. 常见电阻器介绍

电阻器简称电阻，用字母 R 表示。电阻器符号如图 10-1 所示。它的特点是对低频交流电和直流电的阻碍作用大小相同，由于它在电路中要消耗一定的功率，故属于耗能元件。它一般用作负载、分压器、分流器，以及用来调节电路中某一点的工作电流，与电容器一块起滤波作用等。常见电阻器主要有以下几种：

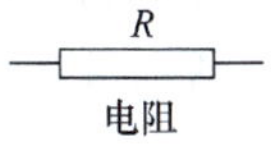

图 10-1 电阻器符号

1）碳膜电阻器：是目前电子、电器、通信产品中使用量最大、价格最便宜、品质稳定性、信赖度最高的碳膜固定电阻器。气态碳氢化合物在高温和真空中分解，碳沉积在瓷棒或者瓷管上，形成一层结晶碳膜。改变碳膜厚度和用刻槽的方法变更碳膜的长度，可以得到不同的阻值，如图 10-2 所示。优点：制作简单，成本低。缺点：稳定性差，噪声大，误差大。

2）金属氧化膜电阻器：随着电子设备的发展，其构成的零件亦趋向小型化、轻型化及耐用化。在真空中加热合金，合金蒸发，使瓷棒表面形成一层导电金属膜。刻槽和改变金属膜厚度可以控制阻值。优点：体积小、精度高、稳定性好、噪声小、电感量小。缺点：成本高。

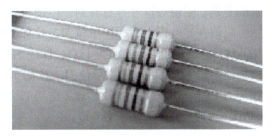

图 10-2 碳膜电阻器

3）绕线电阻器、无感性绕线电阻器：把炭黑、树脂、黏土等混合物压制后经过热处理制成。在电阻上用色环表示它的阻值。这种电阻成本低，阻值范围宽，但性能差，很少采用。优点：功率大。缺点：有电感，体积大，不宜作阻值较大的电阻。

2. 电位器

图 10-3 所示是电位器符号及各种常见电位器。

a) 电位器　　　　　　　　　b) 外形图

图 10-3　电位器符号及各种常见电位器

1）有机实芯电位器：由导电材料与有机填料、热固性树脂配制成电阻粉，经过热压，在基座上形成实芯电阻体。该电位器的特点是结构简单、耐高温、体积小、寿命长、可靠性高，广泛用于焊接在电路板上作微调使用。缺点是耐压低、噪声大。

2）线绕电位器：用合金电阻丝在绝缘骨架上绕制成电阻体，中心抽头的簧片在电阻丝上滑动。线绕电位器用途广泛，可制成普通型、精密型和微调型电位器，且额定功率做得比较大、电阻的温度系数小、噪声低、耐压高。

3）合成膜电位器：在绝缘基体上涂敷一层合成碳膜，经加温聚合后形成碳膜片，再与其他零件组合而成。这类电位器的阻值变化连续、分辨率高、阻值范围宽、成本低，但对温度和湿度的适应性差，使用寿命短。

4）多圈电位器：多圈电位器属于精密电位器。它分有带指针、不带指针等形式，调整圈数有 5 圈、10 圈等。这类电位器除具有线绕电位器的相同特点外，还具有线性优良，能进行精细调整等优点，可广泛应用于对电阻实行精密调整的场合。

3. 电阻的使用常识和单位标注规则

根据电路的要求选用电阻的种类和误差。在一般的电路中，采用误差为 10%，甚至 20% 的碳膜电阻就可以了。电阻的额定功率要选用等于实际承受功率 1.5～2 倍的，才能保证电阻耐用。电阻在装入电路之前，要用万用表欧姆档核实它的阻值。安装的时候，要使电阻的类别、阻值等符号容易看到，以便核实。

阻值在兆欧以上，标注单位 M。比如 1MΩ，标注 1M；2.7MΩ，标注 2.7M。阻值在 1～100kΩ，标注单位 k。比如 5.1kΩ，标注 5.1k；68kΩ，标注 68k。阻值在 100kΩ～1MΩ，可以标注单位 k，也可以标注单位 M。比如 360kΩ，可以标注 360k，也可以标注 0.36M。阻值在 1kΩ 以下，可以标注单位 Ω，也可以不标注，比如 5.1Ω，可以标注 5.1Ω 或者 5.1；680Ω，可以标注 680Ω 或者 680。

4. 电阻的标注方法

为使用方便，电阻上标有阻值和容许误差，常用标注方法有两种。

1）直接标注法：将电阻的阻值及误差范围直接用数字印在电阻上，具体标注规则如前所述。

2）色环标注法：体积较小的一些电阻器，其阻值和

电阻色环读法举例

电阻的测量

误差常以色环标注。其中有四环和五环之分,四环电阻误差比五环电阻要大,一般用于普通电子产品上,而五环电阻一般都是金属氧化膜电阻,主要用于精密设备或仪器上。每道色环有不同含义,颜色与数值间的对应关系见表10-1。

表10-1 颜色与数值间对应关系

色　　环	棕	红	橙	黄	绿	蓝	紫	灰	白	黑	金	银	本色
对应数值和误差	1	2	3	4	5	6	7	8	9	0	±5%	±10%	±20%

四色环电阻标注法如图10-4所示。

其中,①、②两道色环分别表示两位有效数字,③环表示应乘10的次方数,④环表示阻值的允许误差。

例如:四环电阻①—黄色,②—紫色,③—红色,④—金色,其阻值为 $47 \times 10^2 \pm 5\%$,即 $4.7k\Omega \pm 5\%$。

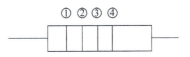

图10-4 四色环电阻标注法

五环电阻是在四环电阻基础上多了一位有效数字,且乘以10的次方数的范围亦扩大了,其误差等级亦划分的更细。如图10-5所示,①、②、③环由表10-1中的前9种颜色表示。④环由表中前4种颜色及金、银、黑色表示,金、银、黑色分别表示 10^{-1}、10^{-2}、10^0。⑤环对应误差范围:棕—±1%;红—±2%;绿—±0.5%;蓝—±0.2%;紫—±0.1%;金—±5%;银—±10%。例如五环电阻:①棕②绿③橙④红⑤绿,则其阻值为 $153 \times 10^2 \pm 0.5\% = 15.3k\Omega \pm 0.5\%$。

图10-5 五色环电阻标注法

10.1.2 电容器

1. 常见电容器介绍

电容器习惯上简称电容。它是由两块互相靠近又彼此绝缘的金属片组成的。电容常用字母 C 表示,电容器符号如图10-6所示。由于电容电路里可以储存电场能,所以它属于储能元件。电容具有隔直流、通交流、通高频、阻低频的特性。主要用来隔断直流的电容叫隔直电容;把高频信号与低频信号分开的电容叫旁路电容;作为级间耦合的电容叫耦合电容。电容也常在电路中用于调谐、滤波、能量转换和延时等。电容器的种类很多,按其结构形式不同可分为固定电容、可变电容和半可变电容(即微调电容)三种。根据介质的不同,可分为电解、陶瓷、云母、纸质和薄膜电容几种。

图10-6 电容器符号

1)电解电容:如图10-7所示,以铝、钽、锯、钛等金属氧化膜作介质,其特点是容量大、稳定性差。

2)陶瓷电容:如图10-8所示,以高介电常数、低损耗的陶瓷材料为介质,其特点是体积小、自体电感小。

3)云母电容:以云母片作介质的电容器。其特点是性能优良、高稳定、高精密。

4)纸质电容:纸介电容器的电极用铝箔或锡箔做成,绝缘介质是浸蜡的纸,相叠后卷成圆柱体,外包防潮物质,有时外壳采用密封的铁壳以提高防潮性。其特点是价格低、容量大。

5)薄膜电容:用聚苯乙烯、聚四氟乙烯或涤纶等有机薄膜代替纸介质,做成的各种电容器。其特点是体积小,但损耗大,不稳定。

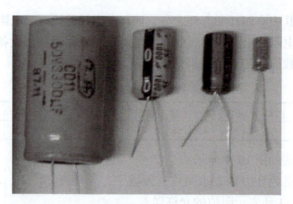

图 10-7　电解电容

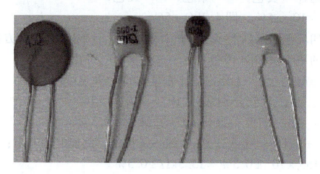

图 10-8　陶瓷电容

2. 电容使用常识和标注规则

电容的选用应考虑使用频率、耐压，电解电容还应注意极性，使电容的＋极接到直流高电位，还应考虑使用温度。其中主要参数是容量和耐压值。

电容器容量标注规则：常用的容量单位有 $\mu F(10^{-6}F)$、$nF(10^{-9}F)$ 和 $pF(10^{-12}F)$，标注方法与电阻相同。当标注中省略单位时，默认单位应为 pF。云母和陶瓷作为介质的电容器的电容量较低（大约在 5000pF 以下）；纸和塑料作为介质的电容器的电容量居中（在 0.005～1.0μF）；通常电解电容器的电容量较大，这是一个粗略的分类法。

3. 电容标注方法

（1）电容容量标注方法

1）标有单位的直接标注法：有的电容的表面上直接标注了其特性参数，如在电解电容上经常按如下的方法进行标注：4.7μ/16V，表示此电容的标称容量为 4.7μF，耐压为 16V。

2）不标单位的数字标注法：许多电容受体积的限制，其表面经常不标注单位。但都遵循一定的识别规则。

电容的测量

当数字小于 1 时，默认单位为微法，当数字大于等于 1 时，默认单位为皮法。用 2～4 位数字和一个字母表示标称容量，其中数字表示有效数值，字母表示数值的量级。

字母为 m、μ、n、p。字母 m 表示毫法（$10^{-3}F$）、μ 表示微法（$10^{-6}F$）、n 表示毫微法或纳法（$10^{-9}F$）、p 表示微微法或皮法（$10^{-12}F$）。字母有时也表示小数点。

例如：

33m 表示 33mF = 33000μF；

303 表示 30×10³pF = 0.03μF；

47n 表示 0.047μF；

3u3 表示 3.3μF；

5n9 表示 5900pF；

2P2 表示 2.2pF；

4n7 表示 4.7×10⁻⁹F = 4700pF；

另外也有些是在数字前面加 R，则表示为零点几微法，即 R 表示小数点，如 R22 表示 0.22pF。

3）色环（点）标注法：该法同电阻的色环标注法一样，沿着电容器引脚方向，第一、二种色环代表电容量的有效数字，第三种色环表示有效数字后面零的个数，其单位为 pF。

（2）类别温度范围　指电容器设计所确定的能连续工作的环境温度范围。该范围取决于它相应类别的温度极限值，如上限类别温度、下限类别温度、额定温度（可以连续施加额定电压的最高环境温度）等。

（3）额定电压　指在下限类别温度和额定温度之间的任一温度下，可以连续施加在电容器上的最大直流电压或最大交流电压的有效值或脉冲电压的峰值。电容器应用在高电压场合时，必须注意电晕的影响。电晕是由于在介质/电极层之间存在空隙而产生的，它除了可以产生损坏设备的寄生信号外，还会导致电容器介质击穿。在交流或脉动条件下，电晕特别容易产生。对于所有的电容器，电容器的额定电压应高于实际工作电压的10%～20%，对工作电压稳定性较差的电路，可留有更大的余量，以确保电容器不被损坏和击穿。

4. 电解电容极性判别

电解电容是属于有极性电容，使用时应注意极性正负，在外包装上有极性的标识，一般电容器外壳上都标有"+""-"记号，如无标记则引脚长的为"+"端，引脚短的为"-"端。使用电解电容时必须注意不要接反，若接反极性，电解作用会反向进行，氧化膜很快变薄，漏电流急剧增加。如果所加的直流电压过大，则电容器很快发热，甚至会引起爆炸。

10.1.3　变压器与中周

1. 简介

变压器根据交流信号频率范围的不同，可分为高频变压器、中频变压器和低频变压器三大类。

（1）高频变压器　通常所说的电感线圈，由导线一圈靠一圈地绕在绝缘管上，导线彼此互相绝缘，而绝缘管可以是空心的，也可以包含铁心或磁粉心，简称电感。如收音机中的电感线圈可以起到感应信号的天线作用。

（2）中频变压器　简称中周，是超外差式收音机和电视机中频放大器中的重要元件。它对收音机和电视的灵敏度、选择性、图像清晰度等技术指标有很大影响。目前使用的中周多数是由绕在磁心上两个彼此不相连接的线圈组成。连接前一级电路的线圈为一次绕组，连接后一级的线圈为二次绕组。这种中周可以通过旋转磁心来调节线圈的电感量，所以又称"调感式中周"，如图10-9所示。

（3）低频变压器　包括音频输入、输出变压器和自耦变压器。

1）音频输入变压器：接在放大器输入端，一次侧接低频电路，二次侧接功放电路起耦合作用。输入变压器的铁心常用高磁导率的铁氧体或坡莫合金制成，低档次的也要用优质硅钢片制成。输入变压器二次侧多数有三个引出端，以便向功放推挽输出级提供相位相反的对称推动信号。

2）音频输出变压器：它是接在放大器输出端的变压器，一次侧接放大器输出端，二次侧接负载（扬声器等）。主要作用是使放大器与扬声器达到阻抗匹配。常用的输出变压器有互感式和自耦式两种。

图 10-9　中周

输出与输入变压器的区别：一般情况下，输出变压器二次侧（多数是两条引线）直流电阻最小，输入变压器的一次侧也是两条引出线，直流电阻最大。因此，在无标记的情况下，可以用万用表测其直流电阻来判别是输出变压器还是输入变压器。

3）自耦变压器。一般变压器一次侧和二次侧之间的直流电路是完全分离的，它们之间的能量传递是靠磁场的互感耦合。但自耦变压器有所不同，它们只有一组线圈，其输入端和输出端是从同一线圈上有抽头分出来的，它的一次侧和二次侧之间有一个共用端，所以它们的直流不完全隔离。

2. 用万用表测量中周和音频输入、输出变压器的好坏

如图 10-10 所示为中周和音频输入、输出变压器的原理图。

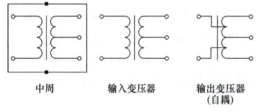

图 10-10　中周和音频输入、输出变压器的原理图

输入变压器的测量　输出变压器的测量　中周变压器的测量

1）打开万用表电源开关，选择 200Ω 档测量，两只表笔分别测量同一侧引脚和不同侧引脚的阻值。

2）中周同侧引脚间阻值接近于零，不同侧引脚间阻值为∞，铁壳与中间五个引脚间阻值为∞。

3）输入变压器（蓝色）同侧引脚间阻值为几十欧，不同侧引脚间阻值为∞。

4）输出变压器（红色）为自耦变压器，五个引脚两两彼此导通，其间阻值都接近于零。

10.1.4　二极管

1. 简介

半导体二极管由一个 PN 结，再加上电极、引线，封装而成。二极管按材料不同可分为锗二极管、硅二极管、砷化镓二极管；按结构不同可分为点接触型二极管和面接触型二极管；按用途不同可分为整流二极管、检波二极管、变容二极管、稳压二极管、开关二极管、发光二极管等。其外形如图 10-11 所示。

（1）整流二极管　整流二极管主要用于整流电路，即把交流电变换成脉动的直流电。整流二极管都是面接触型，因此结电容较大，使其工作频率较低，一般为 3kHz 以下。

（2）检波二极管　检波二极管的主要作用是把高频信号中的低频信号检出。它们的结构为点接触型。其结电容较小、工作频率较高，一般都采用锗材料制成。

图 10-11　二极管的外形

（3）稳压二极管　稳压二极管是利用二极管的反向击穿特性制成的。在电路中，其两端的电压基本保持不变，起到稳定电压的作用。

（4）阻尼二极管　阻尼二极管多用在高频电压电路中，能承受较高的反向击穿电压和较大的峰值电流。一般用在电视机电路中。

（5）光电二极管　光电二极管跟普通二极管一样，也是由一个 PN 结构成。但是它的 PN 结面积较大，是专为接收入射光而设计的。它是利用 PN 结在施加反向电压时，在光线照射下反向电阻由大变小的原理来工作的。就是说，当没有光照射时，反向电流很小，而反向电阻很大；当有光照射时，反向电阻减小，反向电流增大。

（6）发光二极管（LED）　发光二极管是一种把电能变成光能的半导体器件。它具有一个 PN 结，与普通二极管一样，具有单向导电的特性。当给发光二极管加上正向电压，有一定的电流流过时就会发光。发光二极管是由磷砷化镓、镓铝砷等半导体材料制成的。当给 PN 结加上正向电压时，P 区的空穴进入到 N 区，N 区的电子进入到 P 区，这时便产生了电子与空穴的复合，复合时便放出了能量，此能量就以光的形式表现出来。现阶段 LED 被广泛应用于照明或液晶电视、显示器背光等，如图 10-12 和图 10-13 所示。

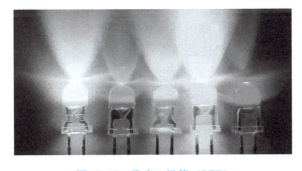

图 10-12　发光二极管（LED）　　　　　　　　图 10-13　LED 应用于水立方

2. 二极管极性的判别

型号为 2AP 系列的黑色二极管可以根据 PN 结符号判断正负极，如图 10-14 所示。
型号为 1N4148 的二极管黑色色环对应二极管的负极，如图 10-15 所示。

图 10-14　二极管符号　　　　　　　　　　图 10-15　1N4148 的二极管

用万用表测量二极管正负极性：

1) 打开万用表开关将万用表选择到欧姆档 R×20k、R×200k 或测二极管极性档。

2) 红黑表笔接二极管两引脚测量二极管阻值，正反两次测量阻值，小的一次红表笔接的是二极管的正极（数字万用表红表笔对应内部电池正极）。

二极管的测量

10.1.5 晶体管

1. 简介

晶体管按结构分，有点接触型和面接触型；按工作频率分，有高频晶体管和低频晶体管、开关管；按功率大小分，有大功率、中功率、小功率晶体管；按封装形式分，有金属封装和塑料封装等形式。由于晶体管的品种多，在每类当中又有若干具体型号，因此在使用时务必分清，不能疏忽，否则将损坏晶体管。

晶体管特性：晶体管具有放大功能，是电流控制型器件，通过基极电流或是发射极电流去控制集电极电流；又由于其多子和少子都可导电，故又称为双极型器件。

晶体管类型：晶体管有两个 PN 结，三个电极（发射极 e、基极 b、集电极 c）。按 PN 结的不同构成，分为 PNP 和 NPN 两种类型。

2. 晶体管极性及管型判别

晶体管极性及管型如图 10-16 所示。

(1) 判别晶体管基极　用万用表黑表笔固定晶体管的某一个电极，红表笔分别接晶体管另外两个电极，若两次的测量阻值接近，则该脚所接就是基极，若两次测量阻值差别比较大，则用黑笔重新固定晶体管一个管脚，继续测量，直到找到基极。

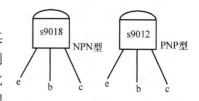

图 10-16　晶体管极性及管型

(2) 判别晶体管的类型　如果已知某个晶体管的基极，可以用红表笔接基极，黑表笔分别测量其另外两个电极引脚，如果测得的电阻值很大，则该晶体管是 NPN 型半导体晶体管；如果测得的电阻值都很小，则该晶体管是 PNP 型半导体晶体管。

(3) 判别其他管脚极性　对于有测晶体管 hFE 插孔的表，先测出 b 极后，将晶体管随意插到插孔中去（当然 b 极是可以插准确的），测一下 hFE 值，然后再将管子倒过来再测一遍，测得 hFE 值比较大的一次，各管脚插入的位置是正确。

也可以查资料或手册直接根据标识判别管型以及管脚极性，例如标 s9018 或 s9014 字样的晶体管其管型为 NPN 型，标 s9012 字样的晶体管其管型为 PNP 型。这几种晶体管让有标识的一面面向自己，管脚朝下，那么管脚从左到右的顺序分别是 e、b、c 三个极。

3. 电流放大系数 β 的测量

使用万用表 hFE 档测量，将相同型号的晶体管按正确的管脚顺序插到 hFE 插槽中直接进行读数即可，电流放大系数 β 是一个比值，没有单位。s901x 系列晶体管的电流放大系数通常在几十到几百之间。

晶体管的测量

4. 晶体管的工作状态

晶体管有以下三种工作状态：

1) 截止状态：当加在晶体管发射结的电压小于 PN 结的导通电压时，基极电流为零，集电极电流和发射极电流都为零,晶体管这时失去了电流放大作用,集电极和发射极之间相当于开关的断开状态,晶体管处于截止状态。

2) 放大状态:当加在晶体管发射结的电压大于 PN 结的导通电压,并处于某一恰当的值时,晶体管的发射结正向偏置,集电结反向偏置,这时基极电流对集电极电流起着控制作用,使晶体管具有电流放大作用,其电流放大倍数 $\beta = \Delta I_c / \Delta I_b$,这时晶体管处放大状态。

3) 饱和导通状态:当加在晶体管发射结的电压大于 PN 结的导通电压,并当基极电流增大到一定程度时,集电极电流不再随着基极电流的增大而增大,而是处于某一定值附近不怎么变化,这时晶体管失去电流放大作用,集电极与发射极之间的电压很小,集电极和发射极之间相当于开关的导通状态。晶体管的这种状态我们称之为饱和导通状态。

10.2 集成电路

通过学习本节内容,了解集成电路的基本知识、引脚识别、常见的封装形式以及集成电路常用的检测方法。

10.2.1 集成电路简介

集成电路是在一块单晶硅上,用光刻法制作出很多晶体管,二极管、电阻和电容,并按照特定的要求把它们连接起来,构成一个完整的电路。由于集成电路具有体积小,重量轻,可靠性高和性能稳定等优点,特别是大规模和超大规模的集成电路的出现,使电子设备在微型化、可靠性和灵活性方面向前推进了一大步。

10.2.2 集成电路常见的封装形式

集成电路常见的封装形式有:
1) QFP (Quad Flat Package):方形扁平式封装,如图 10-17 所示。
2) BGA (Ball Grid Array):球栅阵列封装,如图 10-18 所示。
3) PLCC (Plastic Leaded Chip Carrier):带引脚的塑料芯片封装,如图 10-19 所示。
4) SOJ (Small Outline Junction):小外形 J 形引脚封装,如图 10-20 所示。
5) SOIC (Small Outline Integrated Circuit):小外形集成电路封装,如图 10-21 所示。

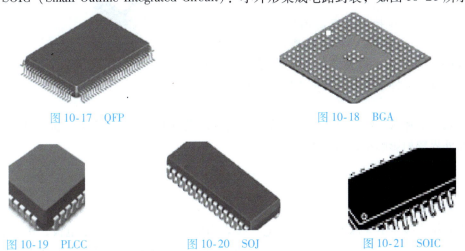

图 10-17　QFP　　　　　　　　　图 10-18　BGA

图 10-19　PLCC　　　　图 10-20　SOJ　　　　图 10-21　SOIC

10.2.3 集成电路的脚位判别

对于 BGA 封装（用坐标表示）：在打点或是有颜色标示处逆时针开始数用英文字母表示——A，B，C，D，E……（其中 I，O 基本不用），顺时针用数字表示——1，2，3，4，5，6……其中字母为横坐标，数字为纵坐标，如 A1，A2。

对于其他的封装：在打点、有凹槽或是有颜色标示处逆时针开始数为第 1 脚，第 2 脚，第 3 脚……

10.2.4 集成电路常用的检测方法

集成电路常用的检测方法有在线测量法、非在线测量法和代换法。

1）在线测量法：在线测量法是利用电压测量法、电阻测量法及电流测量法等，通过在电路上测量集成电路的各引脚电压值、电阻值和电流值是否正常，来判断该集成电路是否损坏。

2）非在线测量法：非在线测量法指在集成电路未焊入电路时，通过测量其各引脚之间的直流电阻值与已知正常同型号集成电路各引脚之间的直流电阻值进行对比，以确定其是否正常。具体做法是：将万用表拨在 R×1k、R×100 或 R×10 量程上，先让红表笔接集成电路的接地引脚，然后将黑表笔从第一根引脚开始，依次测出各引脚相对应的阻值（正阻值）；再让黑表笔接集成电路的同一接地引脚，用红表笔按以上方法与顺序，测出另一电阻值（负阻值）。将测得的两组阻值和标准值比较，判断集成电路的好坏。

3）代换法：代换法是用已知完好的同型号、同规格集成电路来代换被测集成电路，可以判断出该集成电路是否损坏。

10.3 【知识拓展】场效应晶体管

10.3.1 场效应晶体管的概念、分类和特点

1. 场效应晶体管的概念和种类

场效应晶体管是一种按照场效应原理工作的半导体器件，它用输入电压的变化来控制输出电流的变化，为电压控制型有源器件。可分为结型场效应晶体管（JFET）和绝缘栅场效应晶体管（MOSFET）两大类，每类又分为 N 沟道和 P 沟道两种。场效应晶体管的外形如图 10-22 所示。

图 10-22 场效应晶体管的外形

2. 场效应晶体管的特点

场效应晶体管的特点是输入阻抗高，功耗低，噪声小，动态范围大，抗干扰能力强，受温度和外界辐射影响小，易于集成。

10.3.2 场效应晶体管的检测和质量判断

1. 结型场效应晶体管的电极和沟道类型的判别

将万用表拨至 R×1k 档，用黑表笔（接表内电池正极）任接一个电极，用红表笔依次触碰其余两个电极，测其电阻值。若两次测得的阻值为几百欧至一千欧且近似相等，则黑表

笔所接的电极为栅极（G），另外两个电极分别是源极（S）和漏极（D），且管子为 N 沟道型管。结型场效应晶体管的 D 极和 S 极原则上可互换。如果用红表笔接触管子的一个电极，黑表笔分别触碰另外两个电极，若两次测得的阻值都很小，则红表笔所接触的就是栅极（G），且可判定被测管是 P 沟道场效应晶体管。

2. 结型场效应晶体管放大能力的估测

（1）从万用表指针的摆幅估测场效应晶体管的放大能力　万用表拨至 R×100 档，红表笔接源极（S），黑表笔接漏极（D）。此时相当于给被测管的漏极和源极之间加上一个 1.5V 的电源电压，则表针会指示漏、源极之间的电阻值。然后用手捏管子的栅极 G，则人体的感应电压就加在 G 极上，由于管子的放大作用，漏极电流会增大，并使漏、源极之间的电阻发生变化，表针便向左或右摆动。表针摆幅越大，表明管子的放大能力越强。

（2）搭接简易电路估测场效应晶体管的放大能力　图 10-23 为估测场效应晶体管放大能力的简易电路。E_1 为场效应晶体管的 G、S 极提供反向偏置电压，E_2 为场效应管提供 U_{DS} 电压，R_2 为限流电阻。将万用表拨至 DC 10V 电压档，黑表笔接公共地（即 VF 源极 S），红表笔接 VF 漏极 D。通过调节电

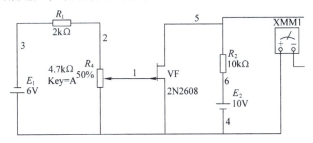

图 10-23　估测场效应晶体管放大能力的简易电路

位器 R_4 改变 U_{GS} 电压，观察万用表指针指示的电压值，若表针随 R_4 的调节有大的变化，则表明该管具有放大能力。变化越大，说明放大能力越强。若表针不动，说明被测管已失去放大能力或已损坏。

10.3.3　结型场效应晶体管好坏的判断

万用表拨至 R×100（或 R×10）档，先测场效应晶体管 S 极和 D 极的电阻。场效应晶体管正常时，其正、反向电阻值在几十欧姆至几千欧姆之间。如果测得的 D 极和 S 极之间的电阻为零或很小，则表明场效应晶体管已被击穿；如果测得的 D 极和 S 极之间的电阻为无穷大，则表明场效应晶体管已损坏。然后，将万用表拨至 R×10k 档，分别测量 G 极与 S 极，G 极与 D 极之间的电阻。G 极与 S 极，如果测得 G 极与 D 极之间的电阻为无穷大，则表明场效应晶体管是好的；如果测得的值过小或接近于零，则表明场效应晶体管已被击穿。

10.3.4　绝缘栅型场效应晶体管管脚极性的判别

绝缘栅型在其栅极 G 与其他两极（D 极和 S 极）之间加了一层二氧化硅（SiO_2）绝缘层，极大地提高了绝缘栅型场效应晶体管（MOSFET）的输入电阻。由于 MOSFET 的输入电阻高，在检测过程中极易产生过高的感应电压而损坏或被击穿。绝不可用手直接触摸栅极（G）！

绝缘栅型场效应管管脚的判别可用以下方法：

1）查看方法：从底部看，找出其管匙，按逆时针方向依次为 D、S、G 或 D、S、G1、G2（双栅管）。

2）判别 MOSFET 管脚：万用表置于 R×1k 档，分别测试三个管脚的阻值。若测得其中一个管脚与另外两脚的阻值为无穷大，则可判断此脚为栅极 G（因为栅极绝缘，故阻值很大）。

G 极确定后,用红、黑表笔轮换测量其余两脚间的电阻值。因源极 S 和漏极 D 间相当于一个 PN 结,因此以阻值较小的那次测试为准(其阻值约为几千欧),黑表笔接的就是 S 极,红表笔接的就是 D 极。

10.4　思考与练习

1. 标出色环电阻的标称值,并用万用表测其实际阻值。
2. 怎样用万用表测量中周、变压器的好坏,红色变压器为何五个引脚都彼此导通?
3. 测量晶体管的电流放大倍数 β 值。

问题探讨: 请查阅资料,了解我国半导体行业的发展历程和关键人物,谈谈我国半导体行业发展趋势。

第 11 章

X921型超外差式调幅收音机电路的安装

电子电路种类多种多样，在电子产品制造过程中，元器件的安装与工艺优劣，不仅影响产品的外观质量，而且对产品的性能有着至关重要的影响。虽然每种电路的具体安装要求有一定差异，但是基本的电路安装方式方法是通用的，本节以 X921 型超外差式调幅收音机的实际电路安装为例，介绍电路安装的过程，使读者提高读图能力，掌握各种常用电子元器件的安装方法，为电子电路的开发与制作打下基础。

11.1 装配图的识读

通过本内容的学习，了解电路图的基本知识，掌握识图的基本规律以及 X921 型超外差式调幅收音机的电路装配图的识读方法与注意事项。

11.1.1 电路图的基本知识

电路图是用来描述电子设备、电子装置的电气原理、结构、安装和接线方式的图样，是电子技术领域的交流手段，是电子产品生产、调试和维修的重要参考资料。电路图一般分为示意图、框图、等效电路图、电路原理图、印制电路板图以及装配图。本小节中只介绍装配图的知识。

装配图又称安装图、实物图、布置图等，它是为了进行电路装配而采用的一种图样，图上的符号一般是电路元件的实物的外形图。我们只要按照图上样子，把一些电路元器件连接起来就能够完成电路的装配。这种电路图一般是供初学者使用的。装配图根据装配模板的不同而各不一样，大多数制作电子产品的场合，用的都是印制电路板，所以印制电路板图是装配图的主要形式。

装配图是表示电原理图中各功能电路、各元器件在实际电路板上分布的具体位置以及各元器件引脚之间连线走向的图形，有图样表示法和电路板直标法两种。图样表示法用印制电路板图表示各元器件的分布和它们之间的连接情况，这也是传统的表示方式。电路板直标法则在铜箔电路板上直接标注元器件编号。这种表示方式的应用越来越广泛。本实训用 X921 型超外差式调幅收音机电路同时采用图样表示法和电路板直标法，如图 11-1 和图 11-2 所示。

图样表示法和电路板直标法在实际运用中各有利弊。对于前者，若要在印制电路板图上找出某一只需要的元器件则较方便，但找到后还需用印制电路板图上该元器件编号与铜箔电

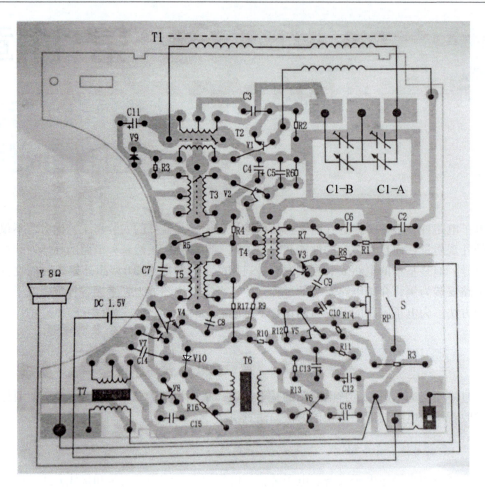

图 11-1 图样表示法

a) 背面

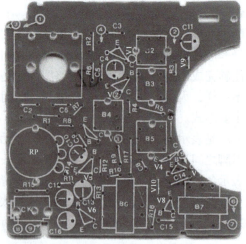

b) 正面

图 11-2 电路板直标法

路板去对照,才能发现所要找的实际元器件,有二次寻找、对照的过程,工作量较大。而对于后者,在电路板上找到某编号的元器件后就能一次找到实物,但标注的编号或参数常被实际元器件所遮挡,不易观察完整。

11.1.2 读图注意事项

识读电路板直标法装配图时要注意以下几个问题。

1)印制电路板上的元器件一般用图形符号表示,有时也用简化的外形轮廓表示,但此时都标有与装配方向有关的符号、代号和文字等。

2)印制电路板都在正面给出铜箔连线情况,反面用元器件符号和文字表示,一般不画印制导线,如果要求表示出元器件的位置与印制导线的连接情况时,则用虚线画出印制导线。

3)大面积铜箔是地线,且印制电路板上的地线是相通的。开关件的金属外壳也是地线。

4)对于变压器等元器件,除在装配图上表示位置外,还标有引线的编号或引线套管的颜色。

5)电路板直标法装配图上用实心圆点画出的穿线孔需要焊接,用空心圆画出的穿线孔则不需要焊接。

元器件组装时,按照电路板直标法装配图,从其反面(胶木板一面)把对应的元器件插入穿线孔内,然后翻到铜箔一面焊接元器件引线。

装配图读图时,要求读懂电路的走向及元器件参数等基本信息,以便正确地安装电路。

11.2 电子元器件在电路板上的安装

通过本节的学习,了解电阻器、电容器、变压器、二极管和晶体管等元器件的安装过程;熟悉 X921 型超外差式调幅收音机对这些元器件的安装要求;掌握焊接技术要领。

11.2.1 元器件的安装方式

一般元器件在印制电路板上的安装固定方式有立式和卧式两种,如图 11-3 所示。

1. 立式安装

元器件立式安装占用面积小,适用于要求元器件排列紧凑的印制电路板。立式安装的元器件,其引脚的金属部分与印制电路板之间的高度在 1.5~4mm 为合格,低于 1.5mm 或高于 4mm 均为不合格,更不能将引脚的端部插入焊孔中造成虚焊。立式安装的优点是节省印制电路板的面积;缺点是易倒伏,易造成元器件间的碰撞出现碰壳短路,抗振能力差,从而降低整机的可靠性。

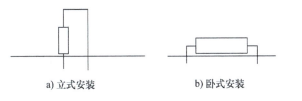

图 11-3 元器件安装固定方式

电阻的立式安装

2. 卧式安装

与立式安装相比，卧式安装具有机械稳定性好、板面排列整齐、抗振性好、安装维修方便，利于布设印制导线等优点。缺点是占用印制电路板的面积比立式安装大。卧式安装的元器件的两端应与印制电路板平行，以使元器件获得支撑强度。

电阻的卧式安装

11.2.2　元器件的排列格式

元器件的排列格式分为不规则和规则两种，如图11-4所示。这两种方式在印制电路板上可单独使用，也可同时使用。

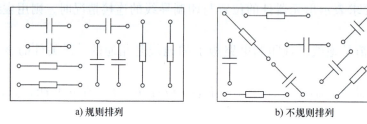

a) 规则排列　　　　　b) 不规则排列

图11-4　元器件排列格式

1. 不规则排列

特别适合于高频电路。元器件的轴线方向彼此不一致，排列顺序也没有规律。这使得印制导线的布设十分方便，可以缩短、减少元器件的连线，大大降低印制导线的总长度。对改善电路板的分布参数、抑制干扰很有好处。X921型超外差式调幅收音机即属此例。

2. 规则排列

元器件的轴线方向排列一致，板面美观整齐，装配、焊接、调试、维修方便，被多数非高频电路所采用。

11.2.3　电容器与变压器

在收音机电路中电容器的种类就比较少，它主要应用于RLC电路，起滤波、退耦、耦合、调谐及旁路等作用。

变压器的种类繁多，不过在收音机电路里只涉及两种变压器，即中频变压器和电源变压器，中频变压器（俗称中周）结构图如图11-5所示。中周是超外差式晶体管收音机中特有的一种具有固定谐振回路的变压器，但谐振回路可在一定范围内微调，以使接入电路后能达到稳定的谐振频率（465kHz）。微调借助于磁心的相对位置的变化来完成。

收音机中的中频变压器大多是单调谐式，结构较简单，占用空间较小。由于晶体管的输入、输出阻抗低，为了使中频变压器能与晶体管的输入、输出阻抗匹配，一次侧有抽头，且具有圈数很少的二次耦合线圈。双调谐式的优点是选择性较好且通频带较宽，多用在高性能收音机中。

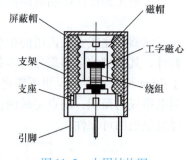

图11-5　中周结构图

11.2.4　二极管和晶体管

二极管种类繁多，用途多样，在电路中一般做整流二极管、开关器件、限幅器件、继流二极管、检波二极管、变容二极管、显示器件、稳压二极管等。在 X921 型超外差式调幅收音机电路中二极管起稳压作用。

晶体管是一种电流控制电流的半导体器件。作用：把微弱信号放大成幅值较大的电信号，也用作无触点开关。

X921 型超外差式调幅收音机电路中，4 个 NPN 晶体管起放大作用，1 个 NPN 晶体管利用 PN 结做检波，另外还有 2 个 PNP 型晶体管做功率放大。

11.2.5　元器件安装的注意事项

1）元器件插好后，其引脚的外形处理有弯头和切断成形等方法，要根据要求处理好，所有弯角的弯折方向都应与铜箔走线方向相同。

2）安装二极管时，除注意极性外，还要注意外壳封装，特别是玻璃壳体易碎，管脚弯曲时易爆裂；对于大电流二极管，有的将管脚当做散热器，故必须根据二极管规格中的要求决定管脚的长度。

3）为了区别晶体管的电极和电解电容的正负端，一般在安装时，加带有颜色的套管来区别。

4）大功率晶体管一般不宜装在印制电路板上。因为它发热量大，易使印制电路板受热变形。

11.2.6　安装

1. 电阻器的安装

1）注意 R1（62kΩ）、R4（20kΩ）、R7（62kΩ）、R12（15kΩ）、R13（20kΩ）、R16（470Ω）暂不安装。为了使同学们更好地完成电路，在 X921 型超外差式调幅收音机电路中引入了静态调试过程，以上 6 个电阻为静态调试电阻，所以暂不安装，具体使用方法由后续内容介绍。

2）为提高电阻器的稳定性，电阻器在使用前要进行老化处理。常用的老化处理方法是给电阻器两端加一直流电压，使电阻器承受的功率为额定功率的 1.5 倍，处理时间为 5min，处理后测量电阻值。

3）电阻器在使用前，应对电阻器外观进行检查，将不合格的电阻剔除，以防电路存在隐患。

4）电阻器在安装前，要对引脚挂锡以确保焊接牢固性。电阻器安装时，电阻器的引脚不要从根部打弯，以防折断。较大功率的电阻器应采用支架或螺钉固定，以防松动造成短路。电阻器焊接时动作要快，不要使电阻器长期受热，以防引起阻值变化。电阻器安装时，应将标记向上或向外，以便于检查及维修。

5）根据电阻两引脚在电路板上的距离来决定安装方式。如两引脚距离大于电阻体本身可采取卧式安装，否则采取立式安装。根据 X921 型超外差式调幅收音机电路装配图特点，具体安装过程中 R5、R15、R17 为卧式安装，其余电阻为立式安装。

6）电阻器功率大于 10W 时应留有一定的散热空间，电阻与电路板间空间以 2mm 为宜。X921 型超外差式调幅收音机电路电阻功率较小，所以不必留散热空间，这样可以提高稳定性。

2. 电容器的安装

电容器的安装类似于电阻器的安装。电容的安装方式如图 11-6 所示。

1）电容器在使用前，应对电容器外观进行检查，将不合格的电容剔除，以防电路存在隐患。

2）电容器在安装前，要对引脚挂锡以确保焊接牢固性。电容器安装时，电容器的引脚不要从根部打弯，以防折断。

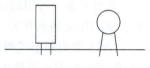

图 11-6　电容的安装方式

3）双联电容在安装时，应先用螺钉固定再进行焊接，且双联电容的引脚不要弯折剪断。

在 X921 型超外差式调幅收音机电路中有陶瓷电容、电解电容和涤纶电容，陶瓷电容和涤纶电容在安装过程中要注意位置和容值。电解电容除了要注意容值和位置之外，还要注意电解电容的极性，否则很容易击穿电容。

3. 变压器的安装

变压器的安装要注意型号和位置，安装中频变压器（中周）时还要注意静电屏蔽的屏蔽效果好不好。根据装配图，中周 B2 为红色，B3 为黄色，B4 为白色，B5 为黑色；变压器 B6 为蓝色，B7 为红色。

4. 二极管的安装

1）二极管在使用前，应对二极管外观进行检查，将不合格的二极管剔除，以防电路存在隐患。

2）二极管在安装前，要对管脚挂锡以确保焊接牢固性。二极管安装时，二极管的管脚不要从根部打弯，以防折断。

3）根据二极管两管脚在电路板上的距离来决定安装方式。如两管脚距离大于二极管本身，可采取卧式安装，否则采取立式安装。另外根据具体电路情况要考虑二极管的极性方向。根据 X921 型超外差式调幅收音机电路装配图特点，二极管 V9 使用的型号为 2AP9，对应管脚极性为上负下正（装配图正视），采用立式安装，如图 11-7 所示。

二极管 V10 使用的型号为 IN4148，对应引脚极性为上正下负（装配图正视），采用卧式安装，如图 11-8 所示。

图 11-7　V9 安装方式　　　　　　　　图 11-8　V10 安装方式

5. 晶体管的安装

1）晶体管在使用前，应对外观进行检查，将不合格的晶体管剔除，以防电路存在隐患。

2）晶体管在安装前，要对管脚挂锡以确保焊接牢固性。晶体管安装时，应保持晶体管脚足够长，不要把管体压得过低，以防晶体管管体受力，降低使用寿命甚至损坏晶体管。

3）在 X921 型超外差式调幅收音机中晶体管安装时，应事先测量好 6 个 NPN 型晶体管的放大系数 β 值，并按由大到小的顺序排序。具体安装时，V1——β_{min}，V2——β_{max}，V3～V6 为剩下的 4 个 NPN 型晶体管 β 由小到大排列。V7 和 V8 分别安装剩下的两个 PNP 型晶体管（无 β 值要求）。

4）晶体管在安装时还应注意，晶体管的三个极（e，b，c）要严格对应装配图上晶体管的极性，以保证晶体管工作在放大区。安装时不要将晶体管压得过低，其安装方式如图 11-9 所示。

图 11-9　晶体管的安装方式

11.3 【知识拓展】电子电路图的种类

电子产品的制造和装配过程中使用的图样有许多种类型，电子电路图主要有示意图、框图、等效电路图、电路原理图、印制电路板图、装配图等，其中装配图在前面已经阐述，这里只简介其他几种电路图。

11.3.1　示意图

电路图中最简单的一种是示意图或简图，也叫分布图。它表示元器件如何装置在机壳内，元器件的装配次序和各元器件间的正确位置，为了便于查阅，各元器件和接头一般用字母或数字标注在图上。示意图常用于装机或维修后的调整和校正。

11.3.2　框图

将组成电子设备的单元电路用正方形或长方形的方框表示，并用线段和箭头把它们连接起来。表示设备各组成部分之间的相互关系。带箭头的线段表示电信号的走向，框图也起信号流程图的作用。框图的种类很多，主要有下列几种：

1. 整机电路框图

它是表示整机电路图的框图，也是众多框图中最大的框图。它表示整机电路的各组成部分单元电路之间的相互关系，从图中的箭头还可以了解到信号的传输途径。

2. 单元电路框图

单元电路框图就是用框图表示该单元电路的组成情况，是整机电路框图的下一级框图，一般单元电路框图比整机电路框图更详细。一个整机电路框图是由多个单元电路框图构成的。

3. 集成电路的内电路框图

集成电路内电路十分复杂，在许多情况下用框图来表示集成电路内电路的组成情况更益于识图。从中也可以了解到集成电路的组成、有关引脚的作用等识图信息，对分析该集成电路的应用电路是十分有用的。

提出框图的概念主要是为了识图的需要，框图具有以下特点：简明、清楚、逻辑性强，便于记忆，它包含的信息量大；往往用箭头标出信号传输的方向，形象地表示了信号在电路中传输的过程，使我们清楚了解电路的组成和信号的传输方向及传输过程中对信号处理方法（如放大或衰减）等；框图有简单的也有详细的，越详细对识图越能提供更多有益的信息；集成电路的内电路框图是比较详细的，根据引脚上的箭头方向可以判断该引脚是输入还是输出的引脚等信息。

11.3.3　等效电路图

等效电路图是一种简化形式的电路图，其电路形式与原电路有所不同，但其作用与原电路是等效的。在分析一些电路时，用这种形式去代替原电路，更方便对电路工作原理的理解。

常用的等效电路主要有以下几种：

1）交流等效电路：它只画出原电路中与交流信号相关的电路，省去直流电路，这在分析交流电路时常用到。在画交流等效电路时，要将原电路中的直流电源和耦合电容器看成是短路，将线圈看成是开路。在一些开关电路中，常把工作在开关状态的二极管、晶体管等效为一个开关，这为分析实际电路带来极大的方便。

2）直流等效电路：它只画出原电路中与直流有关的电路，省去交流电路，这在分析直流电路时才用到。在画直流等效电路时，要将原电路中的电容器看成是开路，将电感器看成是短路。

3）元器件等效电路：对于一些新型、特殊元器件，为了说明它的工作特性和在电路中的工作原理，常采用这一等效电路。

11.3.4　电路原理图

电路原理图也叫整机电路图。它是表示电子设备工作原理的，是用元器件符号、代号表示元器件实物。它是表明了整个机器的电路结构、各单元电路具体形式和它们之间的连接方式。大多数情况下给出了电路中各元器件的具体参数，如型号、标称值和其他重要数据。有些图中还给出了测试的工作电压，为检修电路故障提供了方便。

11.3.5　印制电路板图

印制电路板图又称印刷电路图。它是一种布线图，用来制作印制电路板的图样。它是根据电原理图设计的。它只印制电路和接点（焊盘），不绘制元器件的符号和代号。

11.4　思考与练习

1. 元器件在电路板上的安装方式有哪些，优缺点是什么？
2. 电阻安装前，应进行哪些必要操作？
3. 双联电容安装时应注意什么？
4. 电容安装前为什么要挂锡？
5. 收音机电路中涉及的两种变压器分别是什么？
6. 变压器安装要注意什么？
7. 二极管的安装应注意什么？
8. 二极管极性接反会怎样？
9. X921型超外差式调幅收音机中晶体管的安装应注意什么？
10. 安装晶体管时，如果极性接错会怎样？

问题探讨：请查阅全国道德模范的事迹，谈谈我们应该如何加强道德修养，树立正确的价值观。

第 12 章

X921型超外差式调幅收音机原理及调试

电路原理图是用按国家标准规定的图形符号和文字符号绘制的表示电路工作原理的图样，包括整机电路原理图和单元电路原理图两种。电路原理图反映了电路结构、各元器件或单元电路之间的相互关系和连接方式，并在图上给出了各元器件的基本参数和若干工作点的电压、电流值等数据，既是产品设计和性能分析的原始资料，也是绘制装配图、接线图和印制电路板图的依据，同时还为检测和更换元器件、快速查找和检修电路故障提供了极大的方便。

12.1 X921型超外差式调幅收音机原理

通过本节的学习，了解无线电传输的基本知识、电路原理图的简单识读方法以及X921型超外差式调幅收音机的工作原理，加深理解电子电路的实际应用。

12.1.1 声音的特点及传播

声音的特点：空气中声速为340m/s，衰减很快，人耳能听到的声波的频率范围是20Hz～20kHz。

无线电波：真空中的传播速度等于光速，约300000km/s，衰减较慢。

有线传播：声音通过受话器转换为音频电信号，再通过放大器、增音器由电线进行传播，如有线广播和有线电话等。

无线传播：将音频信号加载在无线电波上，进行远距离传播。

12.1.2 调制与解调

1）调制：将音频信号加载到无线电波上去的过程称为调制。
调制的方式包括调频和调幅。
调频：使载波信号的频率随音频信号的变化而变化。
调幅：使载波信号的幅值随音频信号的变化而变化。
2）解调：将音频信号从载波信号中分离出来的过程称为解调。

12.1.3 电路原理图识读

任何一个电路都是由若干个基本环节和典型电路组成的。为了快速而正确地阅读电路原理图，应掌握基本的识读方法。

1）对于一张电路原理图，首先要找出电路的"头"和"尾"，在此基础上"化整为零"，弄清结构。所谓的"头"和"尾"是指整机电路的输入和输出部分。比如收音机电路的"头"是天线，一般画在电路原理图的左侧，而它的"尾"则是功率放大器及扬声器，通常在图的最右侧。信号的流向是从"头"到"尾"。在分清"头""尾"的基础上，结合基本框图，了解其大致结构，比如收音机电路可以分为高频电路、中频电路和音频电路三大块。在每大块中又可分为若干更小的单元电路，比如中频电路又分为一中放、二中放和三中放三级放大电路；音频放大电路又可分为低频电压放大电路和功率放大电路。

2）瞄准核心元器件，简化单元电路。每个单元电路往往以晶体管或集成电路块为核心元器件，要以核心元器件为目标，去掉枝叶，保留骨干，对电路进行简化，以利阅读。例如要想知道本机振荡电路属于哪种类型的电路，可以将其滤波、退耦电路删去，并将某些阻容元器件进行合并，这样就可以得到振荡电路的"骨干"，将此"骨干"形式与振荡电路的标准形式相比较即可得知振荡电路的类型。有时还需要由简再变到繁进行扩展延伸，即以晶体管或集成电路为核心的"骨干"电路的基础上再增加一些相关的电阻、电容和电感元件，就可以知道单元电路之间的关系。

3）运用等效电路法进行深入分析。等效电路有直流等效电路和交流等效电路两种。在画直流等效电路时，可将电容器和反向偏置的二极管视为开路，从电路中去掉；而电感器、正向偏置的二极管和小量值的滤波、退耦、限流、隔离电阻可视为短路，用导线代替。同时电阻的串并联支路应尽量用一个等效电阻来代替。直流等效电路可以帮助读者掌握直流工作状态，并可计算出直流电压、电流等相关参数。绘制交流等效电路时，将交流耦合电容、旁路电容、退耦电容和电源以及正向导通的二极管视为交流短路，用短路线来代替；反向偏置处于截止的二极管可视为交流开路，可将其从电路中去掉。同时还要尽量省略对分析影响不大的电阻、电容、保护二极管等附属性元器件，能够合并的电感、电容尽量用等效元件来代替。可以利用交流等效电路来分析电路的某些动态特性。

4）在实际的整机电路图中，由于受电路中其他单元电路元器件的制约，该单元电路中的有关元器件画得比较乱，有的在画法上不是常见的画法，有的是个别元器件画得与该单元电路相距较远，电路中的连线往往很长且弯弯曲曲，使识图和分析电路工作原理不够方便，所以整机电路识图方法有自己的特点。

在实际工作中，厂方提供的电路资料中只给出整机电路图。整机电路图表明整个机器的电路结构，各单元电路的具体形式和它们之间的连接方式，表达了整机的工作原理；图中还给出了电路中各元器件具体参数，如型号、标称值和其他重要数据，为检测和更换元器件提供了依据。许多整机电路图还给出了有关测试点的直流工作电压，如集成电路各引脚的直流电压，晶体管各电极的工作电压等，为检查、检修电路故障提供了方便。有些还给出了与识图有关的有用信息，如开关名称及其位置的标注，引线接插件标注等。

整机电路图包括了各方面的电路，且不同型号的机器其整机电路中的单元电路变化是十分丰富的，这就要求我们有较全面的电路识图知识。同类型的机器其整机电路有其相似之处，不同类型的机器其电路图则是相差很大的。在整机电路图中各单元电路的画法是有一定规律的，一般情况下电源电路画在整机电路图中的右（或左）下方，信号源电路常画在电路图的左侧，负载电路画在整机电路的右侧，各级放大器电路是从左向右排列的，双声道电路中的左右声道电路是上下排列的。各单元电路中的元器件是相对集中在一起的。关于整机

电路图的识图方法和注意事项主要有下列几点:

① 对整机电路图的分析主要是找出各部分单元电路在整机电路图中的位置,判断单元电路的类型,进行直流工作电压供给电路分析和交流信号传输分析。直流工作电压供给电路识图的大方向一般是从右向左进行,对某一级放大器电路的直流电路识图方向是从上而下的。对交流信号传输分析识图的方向一般是从左侧开始向右侧进行的。

② 对分成几张图样的整机电路图可以一张一张地进行识图,如果需要进行整个信号传输系统的分析,则要将各图样连起来进行分析。

③ 在分析整机电路过程中,若对某个单元电路分析有困难,如对某型号的集成电路应用电路分析有困难,可以查找这一型号集成电路的内电路框图、各引脚作用等识图资料帮助识图。

④ 在一些整机电路图中有许多英文标注,了解这些英文标注的含义对识图是相当有利的,如某一集成电路旁的英文说明就是集成电路的功能说明。

⑤ 整机电路中包含有数字电路和模拟电路,但电路图本身并没有标明哪些是数字部分,哪些是模拟部分,这就需要对每部分电路进行具体分析,但通常情况下整机电路的最后面部分是模拟电路。数字电路部分的许多功能是通过软件来实现的,识图中不需要对软件十分熟悉,但要了解软件处理信号的目的、过程和处理结果。

⑥ 整机电路中采用集成电路比较多,也有采用大规模集成电路(特别是数字电路),对整机电路图的分析重点应集中在对集成电路外电路元器件作用的分析,而集成电路功能、内电路组成和各引脚作用可借助于框图来了解。

12.1.4　X921型超外差式调幅收音机的电路原理

图12-1为X921型超外差式调幅收音机电路原理图,图12-2为X921型超外差式调幅收音机原理框图及信号波形图。

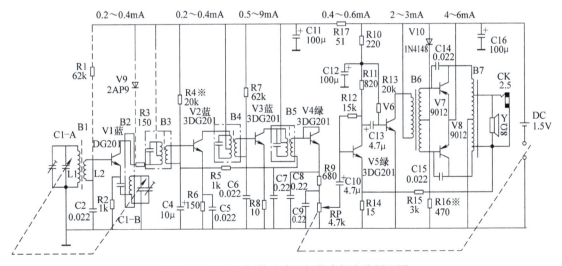

图12-1　X921型超外差式调幅收音机电路原理图

1. 输入电路

由C1-A和B1的一次线圈L1组成。B1为中波磁性天线,由磁性材料(磁棒)和一次、二次线圈(L1、L2)构成。磁棒的磁导率很高,能大量聚集空间电磁波的磁力线。L1、L2

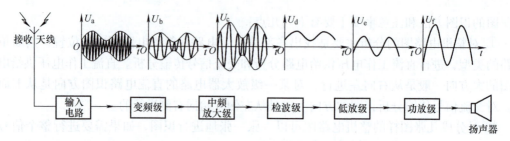

图 12-2 　 X921 型超外差式调幅收音机原理框图及信号波形图

多采用多股漆包线绞合的纱包线绕制，一般 L1 绕 60～80 圈，L2 绕 5～10 圈。C1-A 是双联可变电容器中的一联（调谐联），容量调整范围为 5～270pF；C2 是补偿电容。

C1-A、C2、L1 组成串联谐振电路。当外来的某一电台信号与谐振电路的固有频率一致时，电路发生谐振，该频率的电台信号就会在 L1 两端产生高电压而被选出，而其他频率的信号被衰减。选出的高频电台信号经 L1 耦合给 L2，加至变频管的基极。

当调节 C1-A 的电容量时，可以使谐振电路的频率从 525～1605kHz 之间连续变化，从而选择不同的电台信号。

2. 变频级

将调幅的高频信号转换为调幅的中频信号，由本机振荡器和混频器两部分组成。从输入回路来的高频调幅信号 U_a 与本机振荡器产生的高频等幅信号 U 同时加入混频器中，在混频器的输出端取出一个中频调幅信号 U_b。其频率 $f_b = f_振 - f_a$，f_b 一般固定为 465kHz，即调幅收音机的中频频率。

变频电路：V1 是变频管，同时担任本机振荡和混频任务。R1、R2、R3 和 V1 构成分压式电流负反馈偏置电路。

本机振荡电路由 C1-B、C3、B2 和 V1 组成，为自激式的共基调发射极振荡电路。C1-B 是与 C1-A 同轴的双联电容器的振荡联，C3 是补偿电容，常采用拉线微调电容器，容量为 8200pF，B2 为振荡线圈，调节其磁心，可以调节电感量，从而改变振荡器低端的振荡频率。

本机振荡器产生的等幅高频信号和经 B1 耦合过来的外来电台信号均加至 V1 的发射结，由于晶体管的非线性作用，这两种信号混频的结果产生了多种新的频率成分。再由第一中频变压器 B3 的一次线圈和槽路电容组成的中频滤波器选出其中的差频信号，就得到了所需要的 465kHz 的中频信号。此信号又经过 B3 耦合至下一级进行中频放大。

3. 中频放大级

它的任务是用调谐在 465kHz 的并联谐振电路，从混频器取出的中频信号，并加大以放大。然后送给检波器。这一级的质量好坏，对收音机的灵敏度和选择性有十分重要的影响。

中频放大电路：为保证足够的放大量，中频放大器一般由两级选频放大器组成。V2 是第一中放管，R4、R5、R6 组成其电流负反馈偏置电路。V3 是第二中放管，其基极偏置电压取自 V2 的发射极。C5 和 C7 分别是 V2 和 V3 的发射极旁路电容。

B3、B4、B5 分别是第一、二、三中频变压器（又称中周），它们的一次侧分别与槽路电容 C2、C4、C6 构成调谐回路，谐振于 465kHz，实现多次选频。对多级中频放大器而言，中频变压器还担负着级间耦合和实现阻抗匹配的任务。

从变频级送来的中频信号，由 B3 耦合到 V2 的基极，经 V2 放大并选频后由 B4 耦合至

V3 的基极，再经 V3 放大选频后由 V5 耦合到检波级。

4. 检波级

检波级可以将音频信号从中频调幅信号中分离出来。从 465kHz 的中频调幅信号中取出音频信号的过程，称为检波。检波电路有二极管检波和晶体管检波两种，X921 型超外差式调幅收音机采用晶体管检波。V4 是用来检波的晶体管。C8 为滤波电容，对中频信号的容抗小，而对音频信号呈现高容抗。R9 和 RP 为检波的负载电阻，RP 同时兼作音量电位器。

放大后的中频信号由中放末级中频变压器 B5 耦合加至检波晶体管 V4，利用晶体管的 PN 结完成检波任务。检波后产生下列三种成分：中频及其谐波分量、音频分量及直流分量。中频及其谐波分量经滤波电容 C8 滤除，而音频分量经 R9、RP 和隔直耦合电容 C10 送往音频放大器。直流分量与信号的强弱成正比，经 R5 送到中放管 V2 的基极，实现 AGC 控制。R5 和 C7 还组成 RC 滤波网络，滤除中频及音频分量，防止中频及音频串入 V2 的基极引起中放自激。

AGC 控制原理如下：无信号输入时，V2 的静态基极电流由偏置电阻决定。当收音机收到信号时，检波得到的直流分量通过 R5 叠加在 V2 的基极，形成 AGC 控制电流，由于该电流与 V2 的静态基极电流方向相反，使得实际的基极电流减小。接收到的信号越强，AGC 控制电流越大，V2 的实际基极电流就越小，增益也越小。相反接收到的信号越弱，V2 的增益就越高。所以设置了 AGC 电路后，电路的增益能进行自动调节，从而使检波后得到的音频电压基本保持稳定。

5. 低频放大级

低频放大级就是对音频信号进行放大。该机的音频放大电路由两级电压放大器和一级功率放大器集成。V5 和 V6 构成两级直接耦合电压放大器，它们的偏置是相互牵制的，并采用直流负反馈稳定静态工作点。R11 和 R13 既是 V5 的集电极电阻，也是 V6 的基极偏置电阻。R14 为 V5，R12 为级间负反馈电阻，并通过 R12 和 R11 给 V5 提供基极偏置。B6 是输入倒相变压器，其一次直流电阻作为 V6 的集电极电阻，两组二次绕组匝数相同，绕向相反。

6. 功率放大级

进行功率放大，使电路可以驱动扬声器将声音播放出来。功率放大电路采用有输出变压器功率放大器。V7 和 V8 同为 PNP 型功放晶体管，其参数一致，经两级电压放大后的音频信号由 B6 耦合并倒相后分别加至 V6 和 V7 的基极，在一个周期内，两只功放管交替导通，轮流工作。功率放大后的音频信号通过 B7 输出变压器加到扬声器上，推动扬声器发出声音。电路中通过 R15 构成大环路交流电压串联负反馈，使音质得到进一步改善。

12.2 X921 型超外差式调幅收音机的调试

通过本节的学习了解静态调试、频率覆盖、统调的基本意义和概念以及 X921 型超外差式调幅收音机的调试过程，锻炼动手操作能力，做到学以致用。

12.2.1 静态调试

1. 静态调试的概念

所谓静态调试就是调整各级晶体管的静态工作点。电子电路正常工作应有适宜的静态工作点，当静态工作点不合适时，晶体管会工作于截止区或饱和区，造成信号严重失真，另外，静态工作电流的大小关系着电路噪声和功耗的大小。电流过大，噪声和功耗会增加。由于在放大电路中，信号从前级到后级幅度不断增加。故静态工作电流一般设计成前级较小，后级逐渐增大。晶体管的工作状态是否合适，会直接影响整机的性能，若晶体管的静态工作电流调大一些，收音机的本机振荡相对强些，但混频效果差些，对应晶体管的噪声也相应增加；若工作电流调小，噪声虽然可以减小，但电源电压稍降低时，本机振荡不易起振。调整静态工作点主要是调整晶体管的直流工作电压和电流，其中主要是调整晶体管的集电极电流。

由于测量晶体管的电流时需要将电流表串入电路中，需要改动电路板的连接，很不方便。而测量电压只要将电压表并联在电路两端即可。所以一般测量静态工作点时，都是直接测量直流电压，若需要知道直流电流的大小，可以根据阻值的大小计算出来。

调整静态工作点实质上就是分别调整晶体管的基极偏置电阻（通常调上偏置电阻），使集电极电流达到规定的数值。调整可以从末级开始，也可以从前级开始。

2. 静态调试的意义

通过调整电阻阻值来调整晶体管的工作状态，调整集电极电流，使晶体管工作在指定的工作区域，逐级进行调试，以便在调试过程中发现电路中存在的故障。

3. 静态调试步骤

在调试之前，首先要将 V2 的集电极和 B4 中周左上方端子用焊锡导通（安装图上这两点是连接好的，电路板上没有连）。

1）调节直流稳压电源使输出电压为 1.5V（万用表直流电压档检测），输出电流大于 15mA（将调流旋钮顺时针转到头即可）。禁止用万用表电流档测量直流稳压电源的输出电流，否则将损坏万用表电流档。

静态调试

2）按照图 12-3 所示接线，测试未加 6 个调试电阻时印制电路板的电流，此时万用表示数为 0。若万用表显示电流不为 0。首先检查 6 个调试电阻是否已经焊接在电路板上；而后检查 8 个半导体管的安装和焊接是否有错误（如 e、b、c 管脚极性错误或 NPN、PNP 的类型错误，或二极管的正负极接错）；最后检查电路板上焊点有无桥接。

3）搭接 R1（将 R1 搭焊在电路板的背面，与 R1 原引脚成等势点并有焊锡的点），调试一级电流为 0.4~0.7mA。

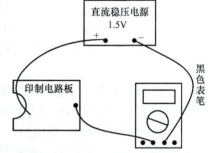
图 12-3 静态调试接线图

若电流为 0，首先检查电位器是否打开；然后检查天线线圈的连接是否正确（1、2 导通；3、4 导通）；再次检查 V1 引脚是否正确，有无虚焊。

若电流过大，检查电路板上焊点有无桥接或中周有无碰壳短路。

4）搭接 R4 调试二级电流为 1.0~1.4mA。

5）搭接 R7 调试三级电流为 1.8~2.2mA。

6）搭接 R12 调试四级电流为 2.3~2.7mA。

7）搭接 R13 调试五级电流为 4~6mA。

8）加接扬声器，搭接 R16 调试六级电流为 7~12mA。部分电路板可能会出现动态电流，此时电流比较大。试改变调谐旋钮位置，电流会恢复正常。

静态调试过程要注意一定按顺序调试,上一级正确才可以调试下一级,电流不正确时要进行电路分析查找错误。

12.2.2 动态调试

1. 动态调试的概念

动态调试是指在通电、有电台信号接收的情况下测量整机的各级信号幅度与频率工作状态。动态调试包括中波频率覆盖和中波统调。

中波频率覆盖即对刻度,目的是使双连电容全部旋入至全部旋出时,收音机所接收的信号频率范围正好是整个中波段 525~1640kHz。

所谓中波统调,就是调电路,通过调节四联电容器使在接收任一电台信号时,由本机振荡器产生的振荡频率 $f_振$,都比由输入回路选出的信号 f_a 高出 465kHz,并使 S 曲线上下对称、形态平滑,幅度达到要求值。中波统调点一般设在 600kHz、1400kHz 两个频率点上。

2. 动态调试步骤

1) 中频频率覆盖:动态调试接线图如图 12-4 所示。将信号发生器的频率调整在 525kHz,使其产生相应的调幅波信号。将信号输出线的非接地端靠近磁性天线,地线接至直流稳压电源的负极),将刻度盘旋至 525kHz 处(即把双联可变电容器全部旋进),用无感螺钉旋具调整振荡回路的 B2 的磁心位置,以改变其电感量,使毫伏表输出最大,声音达到最大而且不刺耳。

将信号发生器的频率调整在 1640kHz,使其产生相应的调幅波信号(将信号输出线的非接地端靠近磁性天线,地线接至直流稳压的负极),将刻度盘旋至 1640kHz 处(即将双联电容全部旋出),调节双联电容中的 C1-A,如图 12-5 所示,使毫伏表输出最大,声音达到最大而且不刺耳。由于高、低端之间相互影响,需要反复调整几次。

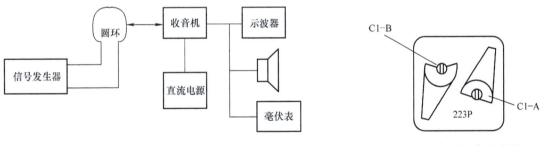

图 12-4　动态调试接线图　　　　图 12-5　双联电容示意图

2) 统调调试:接收 600kHz 的调幅波信号(将信号输出线的非接地端靠近磁性天线,地线接至电池的负极),将刻度盘旋至 600kHz 的刻度处,调输入电路的线圈 B1 在磁棒上的位置,以改变其电感量,使毫伏表输出最大,声音达到最大而且不刺耳。用蜡将线圈 B1 固定。

接收 1400kHz 的调幅波信号(将信号输出线的非接地端靠近磁性天线,地线接至电池的负极),将刻度盘旋至 1400kHz 的刻度处,调节双联电容中的 C1-B,使毫伏表输出最大,声音达到最大而且不刺耳。

由于高、低端之间相互影响，反复调整几次。

对于没有信号发生器等相关设备进行动态调试的调台过程：

承德广播电台：调台旋钮旋到最下后向上转1°，用螺钉旋具转动双联电容后面的微调电容，先调下面的一个直到声音最清晰，再调上面的一个直到声音最清晰。

承德交通台：向上调节调台旋钮大约70°角，可找到承德交通台，然后用螺钉旋具调整B1线圈的位置直到最清晰。

河北台：继续向上转动调台旋钮大约5°角可找到河北台，用螺钉旋具调整B1线圈位置直到最清晰，然后再调回承德交通台通过反复调节来平衡两个电台的清晰度。

调好后用蜡将线圈位置固定。

12.2.3 X921型超外差式调幅收音机常见故障的检修

1. 无声

收音机无声故障可以分成两种：一种是完全无声；一种是有一点"沙沙"声，但收不到台。

1) 接通电源将音量电位器RP顺时针转至最大，判定扬声器是否有声音。若无声，用万用表10V电压档测量C16两端电压，若无1.5V电压，则故障为电池或开关接触不良。若电压正常，则关闭电源，用万用表200Ω档测量扬声器两端，表笔接触的同时应能听到"喀喀"声。

2) 若晶体管检波电路正常，应测量V1、V2、V3静态工作点，若不正常，可参阅相应的电路分析进行检修。

3) 若V1、V2、V3工作点正常，应测量U_{e1}（V1发射极对地电压）电压，然后用一导线短接本振线圈B2的两端，若U_{e1}值没发生变化，故障是C3不良或V1不良。

4) 若U_{e1}值发生微小变化，则故障是B3中的C、B4中的C、B5中的C、B3、B4、B5当中某个元件不良。可用干扰法确定它们当中哪个元件不良。

2. 放音小

收音机放音小，其故障可分为两种情况：一种是收音机收到的台数几乎没有什么减少，但收音机的音量却显著减少，从这一现象分析，故障出在低放部分；另一种是收音机收到的电台数目显著减少，只能收听当地几个强台信号，这一现象说明，收音机增益不够，即收音机。灵敏度低。其故障是检波级以前的电路工作不正常。

1) 打开收音机检查接收的电台数，若电台数明显减少，故障是收音机灵敏度低，参见后述的故障3进行检修。

2) 若收的电台数基本正常，则接收一台地方强台，置音量电位器为最大位置，将万用表置交流10V档测量扬声器两端的瞬时电压。若瞬时电压值大于0.8V，故障是扬声器不良。

3) 若电压瞬时值远小于0.8V，应检查V6、V7、V8静态工作点。若工作点不正常参见相应电路的分析进行故障检修。

4) 若静态工作点正常，故障是C10、R14中某个元件不良，可用一个良好的电解电容并联试一试，即可确定故障元件。

3. 只能收到本地强电台信号

收音机只能收到本地强电台信号，称之为收音机灵敏度低。通常灵敏度低是由检波以前的电路增益低引起的。因此，变频、中放检波电路都是检修的重点。

1) 首先观察天线线圈是否断股或开路，若发现断股或开路将其焊好。若线圈良好，可用毛刷清除印制电路板上的污垢或烘干印制电路板的潮气。

2) 若故障仍存在，可调整调谐拨盘使收音机收一个电台信号，分别微调 B5、B4、B3。若扬声器音量增大，收音机灵敏度提高，则故障是由中频失调引起；若调整过程中扬声器音量反而减小，应将中频变压器调整磁帽恢复原样。

3) 若调整中频变压器故障仍然存在，可关闭电源开关，用万用表 100Ω 档在路测量 V4。

4) 若 V4 正常，可测量 V1、V2、V3 静态工作点。若不正常，参照相应的电路分析进行检修。

4. 失真

收音机的失真通常有三种类型：第一种为声音失真，第二种为交越失真（也称为非线性失真），第三种为频率失真。

1) 首先收听一个电台信号，认真辨认失真类型。若为声音失真，按检修步骤 2) 进行检查；若为交越失真，按检修步骤 3) 进行检查；若为频率失真，按步骤 4) 进行检修。

2) 若确认为声音失真，检查有否杂物粘在扬声器上，装饰面板与机壳安装是否紧凑。若上述都正常，故障是扬声器不良。

3) 若确认为交越失真，对直接耦合放大电路、功率放大电路进行检修。

4) 若确认为频率失真，取一个 $50\mu F$ 的电解电容分别与 C10 相并联。若故障消失则更换与之并联的电容。

5. 啸叫

收音机产生啸叫的原因很多，主要是由于机内各级放大器之间存在着有害的耦合，产生了寄生振荡。因此检修时要着重分清这些有害耦合部位。不同的耦合部位产生的啸叫现象不一样，通常可将其分为下列两种情况。

1) 接通电源，判别啸叫类型。若啸叫与调谐变化无关或与音量电位器控制无关，则啸叫是由低放部分引起，按检修步骤 2) 进行检修。

2) 若确认是低频啸叫，首先检查电位器是否接错。若没接错再检查电源电压，若电压低于 1V，更换电池试一试。若电压正常，分别用 $100\mu F$ 的电解电容并接在 C16 两端检查它们是否良好，并检查 R17 电阻是否短路。若上述元器件不良，要换之；若上述元件正常，卸下 R15 电阻，若啸叫消失，则对换 B4 一次侧引脚。

12.2.4 考核与评价

检查分为自查和互查两部分，学生在调试过程中出现不正确情况，先进行自查，然后以小组为单位进行互查，以便找出并改正错误。考核要求及评分标准见表 12-1。

表 12-1　考核要求及评分标准

项目	考核内容及评分标准	配 分	扣 分	得 分
调试准备及实施	1. 准备不充分，稳压电源输出错误（过大或过小），扣 10 分 2. 电路接线错误，每次扣 5 分	30 分		
调试过程	1. 等势点连接错误，每处扣 5 分 2. 调试电流错误，每处扣 5 分 3. 无法通过原理图查询错误，每次扣 5 分	70 分		
合　计		100 分		
备　注				

12.3　【知识拓展】电子元器件的拆焊

12.3.1　拆焊的概念

拆焊是在焊接过程中误操作、整机调试及修理中常用到的一项技能。拆焊就是用电烙铁将元器件从电路板上取下来。如果你工作在装配流水线的总检工位，当你发现前面的工作把元器件装错，你就得用拆焊技术将错件拆下，重新换上正确的元器件；如果你工作在总调试工位，当你发现元器件由于波峰焊接或是由于调试中而造成的损坏时，你就得用拆焊技术将损坏件拆下；如果你以后工作在电子维修岗位，那拆焊技能是你所不可缺少的。

12.3.2　拆焊技能的技术要求

1）不能损坏被拆元器件以及元器件的标注字符。
2）不能损坏被拆元器件的焊盘。
3）清理元器件引脚上的焊锡。
4）清理焊盘。
5）清理焊孔。

12.3.3　拆焊的方法

1. 镊子拆焊法

1）左手用镊子夹住元器件，做好将元器件拉出的准备，固定好电路板。
2）用烙铁头对焊点加热，待焊锡熔化后用左手持镊子将元器件轻轻拉出。
3）用烙铁头清理印制电路板焊孔和焊盘，做好再次焊接的准备。清理焊孔可用尖头状的金属物或用牙签，都能收到较好的清孔效果。

2. 吸锡器拆焊法

吸锡器是一种专用吸锡工具，能使元器件的拆焊过程变得又快又好。
1）将电路板的焊接面向上放置。
2）将吸锡器气阀按钮压下。
3）将吸锡器吸嘴对准焊点，再用烙铁头对着焊点加热，待焊锡熔化后压下气阀按钮，液态锡就会被吸锡器吸进管中。

12.4　思考与练习

1. 简述 X921 型超外差式调幅收音机原理。
2. 简述 X921 型超外差式调幅收音机原理图各元器件的作用是什么？
3. X921 型超外差式调幅收音机是如何实现检波的？
4. X921 型超外差式调幅收音机在静态调试应做哪些准备？
5. 调试电流出现错误，应该如何处理？
6. 简述频率覆盖的方法和意义。
7. X921 型超外差式调幅收音机频率接收范围是多少？
8. 简述统调的概念和方法。
9. 统调不好会导致收音机出现什么情况？

问题探讨：请查阅相关资料，了解南仁东先生与"中国天眼"的故事，谈谈南仁东先生锲而不舍、孜孜以求的工匠精神对我们的启发。

参 考 文 献

[1] 林平勇,高嵩. 电工电子技术[M]. 5版. 北京:高等教育出版社,2019.
[2] 王金花. 维修电工与技能训练[M]. 北京:人民邮电出版社,2011.
[3] 李长久. PLC原理及应用[M]. 2版. 北京:机械工业出版社,2016.
[4] 宋美清. 电工技能训练[M]. 3版. 北京:中国电力出版社,2015.
[5] 曾祥富,张秀坚. 电工技能与实训[M]. 4版. 北京:高等教育出版社,2021.
[6] 储克森. 电工技能实训[M]. 2版. 北京:中国电力出版社,2012.